新疆黑核桃

引种栽培及推广应用

宋锋惠　虎海防　史彦江　等 ▣ 著

中国林业出版社
China Forestry Publishing House

本书著者

宋锋惠　虎海防　史彦江　欧　源　哈地尔·依沙克
吴正保　孙雅丽　卢明艳　帕热古丽·卡看　林治强
吴建国

图书在版编目(CIP)数据

新疆黑核桃引种栽培及推广应用／宋锋惠等著．—北京：中国林业
出版社，2024.1

　　ISBN 978-7-5219-2599-9

　　Ⅰ.①新…　Ⅱ.①宋…　Ⅲ.①核桃–果树园艺　Ⅳ.①S664.1

中国国家版本馆 CIP 数据核字(2024)第 026699 号

策划编辑：李　敏
责任编辑：王　越

出版发行　中国林业出版社
　　　　　(100009，北京市西城区刘海胡同 7 号，电话 010-83143628)
电子邮箱　cfphzbs@163.com
网　　址　https://www.cfph.net
印　　刷　河北京平诚乾印刷有限公司
版　　次　2024 年 1 月第 1 版
印　　次　2024 年 1 月第 1 次印刷
开　　本　148mm×210mm　　1/32
印　　张　4.25
字　　数　115 千字
定　　价　45.00 元

前　言

黑核桃亦称美国东部黑核桃，学名 *Juglans nigra*，原产于美国东部，是美国的乡土树种，属核桃科核桃属黑核桃组的一个种，为温带落叶珍贵的果材兼用树种，也是理想的农田防护林和城市绿化树种。具有生长快，适应性强，抗旱、抗寒、抗病虫害、材质优良、坚果可食和适生范围广等优良特性，已被广泛引入欧洲、亚洲地区及澳大利亚等国。我国自 1984 年开始引种栽培美国东部黑核桃、魁核桃、小果黑核桃、北加州黑核桃和奇异核桃等不同种类的黑核桃，其中表现最好的为美国东部黑核桃。

新疆具有与黑核桃原产地相近的纬度带。1991 年，新疆林业科学院(以下简称新疆林科院)首次从美国引进美国东部黑核桃种子和接穗，在南北疆开展适应性栽培试验研究并获得成功，建立的种子园正常开花结果，在良种壮苗培育和不同生态环境下推广造林，均表现出较强的适应性和较快的生长能力，填补了新疆栽培黑核桃的空白。32 年的引种栽培推广经验表明，美国东部黑核桃在新疆具有巨大的推广发展潜力。由新疆林科院承担完成的"黑核桃良种繁育及栽培技术研究"项目成果，获 2005 年度自治区科技进步三等奖。美国东部黑核桃于 2016 年 12 月通过自治区林木品种委员会良种审定，命名为"新疆黑核桃"。

本书以新疆黑核桃为研究对象，对该树种在新疆的引种栽

培进行了较为系统的概述，详细阐述了优良资源引进、适应性、高效栽培和育苗等技术研发及示范推广情况。该树种的成功引种栽培，对新疆现有防护林树种单一、生命周期短、生态稳定性差、易遭受毁灭性病虫害（尤其是蛀干性害虫）侵害提供了一个生长快、抗性强、坚果利用价值高的生态经济树种，同时为黑核桃与核桃杂交育种培育抗逆性强的杂交品种奠定了重要的理论基础。

由于著者水平有限，书中难免有错误和不足之处，谨希广大科技工作者、读者批评指正。受时间和研究条件的限制，许多问题尚未涉及，有待于今后进一步研究。

著　者

2023 年 9 月

目　录

第一章
美国东部黑核桃概况

美国东部黑核桃原产于美国东北部，是美国珍贵的自然资源和非常有价值的落叶硬乔木，为经济价值很高的树种。不同的黑核桃种质资源因自身遗传特性不同，生长开花物候期和生长特性也不同，且受不同环境条件和栽培管理等因素影响较大。开展其自然分布、生物学特性及国内引种情况总体概述，为新疆黑核桃的推广应用提供参考。

第一节　自然分布区域

黑核桃原产于美国，隶属核桃科（Juglandaceae）核桃属（*Juglans*）温带落叶阔叶树种，是材果兼优树种。尤其是美国东部黑核桃（*Juglans nigra*）为世界公认的较佳硬阔树种之一。

美国东部黑核桃是美国东部的乡土树种，常被称为东部黑核桃，自然分布于美国东部和中西部地区的 24 个州，横跨 4~8 个气候区，涵盖从湿润到干旱，从夏热到夏凉，从冬温到严寒。东北可达安大略省的休伦湖与安大略湖之间的大部分地区，向西沿密歇根州、威斯康星州南部到艾奥瓦州；西北止于内布拉斯加州的东部；东南自南卡罗来纳州向西经佐治亚州、阿拉巴马州、密西西比州、路易斯安那州的北部；西南到达德克萨斯州的东北部；堪萨斯州和俄克拉荷马州是美国黑核桃自然分布的西部边界。

黑核桃由于分布范围广，形成了多种生态类型，既有生长季仅

140 天、1 月最低气温达−31~−6℃的寒冷地带的类型，也有生长季长达 280 天的南方类型。自然分布区年平均降水量范围从北部内布拉斯加州的 635mm，到南部阿巴拉契亚山脉的 1778mm，分布区东南部降水量为 1000mm，西南和中北部为 580mm。黑核桃能耐−40℃的低温，但怕早、晚霜的危害，尤其是幼树，霜害易引起抽梢。黑核桃的自然分布区主要属于北美森林植物带的中部阔叶林区，以阔叶树为主，具有大陆性气候的特点，平均温度 8~13℃，年降水量 762~1143mm，夏末可有 4~6 周的干旱期。黑核桃几乎没有大面积的天然纯林，多单株分布在混交林中的林缘或以小树丛形式存在(董凤祥等，2000)。

黑核桃主要种类包括美国东部黑核桃(*Juglans nigra*)、北加州黑核桃 (*J. hindsii*)、奇异核桃 (*J. regia* × *J. hindsii*)、魁核桃 (*J. major*)以及小黑核桃(*J. micocarpa*)。其中美国东部黑核桃经济价值最高。北加州黑核桃也称函滋核桃，主要分布于美国加利福尼亚州北部的中心谷地区，是较好的核桃砧木，实生苗生长到一定高度，顶芽停止生长易分叉。奇异核桃(北加州黑核桃与核桃的杂交种)，具有生长旺、干直立、叶片大、表皮光滑、嫁接亲和好和抗线虫等优点，在美国普遍作为核桃的砧木。魁核桃又名亚利桑那黑核桃，生长速度快，但材质不及美国东部黑核桃优良；小果黑核桃又名德州黑核桃，可作为核桃的矮化砧木(表 1-1)。

黑核桃气候适应性强，对土壤要求不严，是绿化、农林间作、丰产林或果园种植的优良树种。世界各地相继从美国引种了黑核桃种源、品种及优良品系，并制定了黑核桃的发展计划。

表 1-1　黑核桃种类主要植物学形态特征及生态特性

种类	芽	叶	枝	果实	特性
美国东部黑核桃	有芽座(2cm)与 2 个副芽叠生	小叶数 9~13 片，小叶宽 3~5cm，叶面无毛	灰褐色，有灰色绒毛；皮孔稀而凸起，浅棕色	刻沟深，坚果大，出仁率 12%	不同种源差异极大，生长期 140~280 天；降水量 800~1800mm；在深厚、肥沃的中性土壤上生长良好，可作核桃砧木

（续）

种类	芽	叶	枝	果实	特性
北加州黑核桃	簇生，密被棕色绒毛，与1个副芽叠生	小叶数15~19片，小叶宽2~3cm	褐绿色，无毛；皮孔密，黄白色	壳面光滑，坚果小	为北半球亚热带树种，抗寒性较差，抗根腐，为美国加利福尼亚州主要核桃砧木树种
奇异核桃	簇生，密被白色绒毛	小叶数9~13片，小叶宽5.5cm，叶面无毛	深绿色，无毛；节间长，皮孔小，白色，表皮光滑	不结实	具有明显杂种优势，速生、耐干旱、瘠薄土壤，可在pH值8.0的钙质土上正常生长，为核桃砧木资源
魁核桃	有芽座（2cm）与2个副芽叠生	小叶数9~13片，小叶宽2~3cm，叶背主脉处有绒毛	褐绿色，有灰色绒毛；皮孔小，不凸起，红褐色	刻沟较深，坚果较大	类似美国东部黑核桃，但抗寒性略差，抗盐碱
小果黑核桃	簇生，密被白色绒毛	小叶数7~23片，小叶宽1cm	浅棕色，密被棕色绒毛，皮孔小而稀疏，浅棕色	壳面光滑，坚果小	耐干旱盐碱，小乔木；为美国德克萨斯州等地的核桃砧木树种

第二节 生物学特性及经济价值

一、生物学特性

美国东部黑核桃是乡土树种，自然分布于美国东部和中西部地区，分布区涵盖24个州，自然分布横跨4~8个气候区，涵盖从湿润到干旱，从夏热到夏凉，从冬温到严寒。

（一）形态特征

黑核桃组落叶乔木，树高可达30m以上。树干直径1.3m，树冠圆形或圆柱形。奇数羽状复叶互生，长20~60cm，有小叶15~23片，柄极短，叶缘有不规则的锯齿，背面有腺毛。小叶卵披针形，顶叶常退化。树干皮暗褐色，纵深裂。枝条灰褐色或暗褐色，具短绒毛，阔三角形芽。果实呈卵球形或梨形，表面有小突起，被绒

毛。坚果为圆形，稍扁，先端微尖，壳面有不规则的深刻沟，壳坚厚，难开裂，种仁可食，有特殊香味。

(二)生长开花习性及生殖生物学特性

雌雄同株、异花授粉。多雌雄异熟，雄先行居多。雌花序顶生，小花2~5朵一簇；雄花序长5~12cm，着生在侧芽处，花期为4月中旬至6月中旬。展叶和开花几乎同时进行；雌雄花芽均于结果的前一年分化。雌花芽形成于当年生枝上端，7月底至8月初开始分化。加大树冠、促进分枝可增加雄花芽的数量。授粉受精后果实迅速膨大，持续5~6周，此时也正是枝条快速生长的时期。7月初至8月底，是果实硬壳期，6月下旬至7月下旬是种仁发育的关键时期。雌花芽分化开始于8月上旬(表1-2)。

实生苗结果较迟，20~30年进入盛果期，嫁接树3~4年结果。以生产坚果为目的的黑核桃经营，建园时要用嫁接树，同时注意授粉树的配置。

黑核桃隔年结果现象普遍，造成隔年结果的主要原因是秋季种仁发育期正是花芽分化的关键时期，此时的碳素营养积累不足，果实发育期干旱会造成种仁不充实。

表1-2　美国东部黑核桃枝、芽、叶特性

枝	芽	叶
营养枝：依长度可分为短枝(<5 cm)、中枝(5~15 cm)、长枝(15~30 cm)、特长枝(>30 cm)，黑核桃大部分以短枝、特长枝为主 结果枝：依长度可分为短果枝(<5 cm)、中果枝(5~15 cm)、长果枝(15~30 cm)、特长果枝(>30 cm)，黑核桃大部分以中果枝结果为主	叶芽：副芽，上部芽大，有些甚至有柄，下部芽小 雄花芽：树体休眠期已形成，形状为圆锥形，裸芽。单生或叠生多在1年生枝条中部或中下部，数量不等 潜伏芽：属叶芽的一种，在正常情况下不萌发，主要着生在枝条的基部或下部，瘦小	美国东部黑核桃叶片为奇数羽状复叶，部分顶叶退化甚至呈刺状，叶为卵状，圆形或卵状披针形，小叶多13~23片，最高达35片

(三)土壤要求

美国东部黑核桃喜欢深层土壤，且主根发达，1年可延伸1.3m，3年长达9m。土壤的质地、结构、排水性、地下水位等都影响到美国东部黑核桃是否能种植成功。如果土壤过于黏重，或有黏土层导致土壤排水不良，或地下水位过高都不利于美国东部黑核桃根系的延伸。土层过浅或质地过粗的土壤持水力差，养分不足也不宜种植美国东部黑核桃。因此，宜选择土层深厚、质地疏松、肥沃、排水良好的土壤发展美国东部黑核桃。美国东部黑核桃对土壤pH值要求不严格，石灰性土壤上也能生长良好。

(四)水分及养分要求

美国东部黑核桃是一个需水肥的树种，一定条件下进行灌溉能促进其快速生长。由于美国东部黑核桃具有深根性，根系发达，能耐一定的干旱，种内对抗旱性有着很大的差异。在土壤养分不足的情况下，施肥可明显促进美国东部黑核桃生长和结实。以收获坚果为目的的园需重视磷、钾肥的施用。

(五)光照及其他生态因子要求

美国东部黑核桃是喜光树种，要求良好的光照条件；光照不良，生长会受到抑制，但适度的遮阴可以促进树木高度增加，提高木材品质。研究发现，最优质的黑核桃来自天然林分，而不是人工纯林，天然林分提供了黑核桃生长最适宜生态环境，如防风、抑制下层杂草、最适温湿度以及适当的遮阴等。生产上可以利用一定的栽培手段来弥补人工纯林的劣势，包括采用间作或密植为树木提供侧面遮阴，同时抑制地上杂草。当光照条件恶化时，可通过适宜的修剪或疏伐来改善光照条件。

(六)气候条件要求

美国东部黑核桃由于分布范围广阔，形成了多种生态类型。黑核桃与温度关系的研究主要集中在休眠期的冻害和生长季的霜冻方面。春季晚霜冻危害是黑核桃生产最主要的气象灾害，尤其是幼树。对霜冻的抗性主要取决于展叶的早晚和生长季的长短。

在黑核桃种类中，美国东部黑核桃的抗寒性比核桃强，其余种类抗寒性较差。研究表明，美国东部黑核桃能忍受−43~−35℃的低温，普通核桃一般忍受−37~−33℃的低温，大多数在美国加利福尼亚州栽培的核桃品种能忍受−10℃的温度，另外，美国东部黑核桃的需冷量在种类间也有较大差异。不仅黑核桃树的生理休眠对低温的需求不同，而且种子的层积对温度的需求也不相同，层积温度一般为2~5℃，时间为60~120天(高国宝等，1999)。

二、经济价值

美国东部黑核桃不仅可生产十分珍贵的木材，而且能生产品质上等的坚果、用途广泛的果壳粉，因此，被认为是一个经济价值很高的树种。

(一)在美国木材生产中占有重要的地位

木材结构紧密，力学强度高，纹理、色样美观，宜作为高档家具及胶合板贴面。黑核桃木制家具、黑核桃木的工艺品在美国是高雅、富贵的象征。在美国，1/3的木制家具是用黑核桃木制作的，糖果盘、碗、钟表、烛台、音箱、钥匙链等黑核桃木制品随处可见。黑核桃在美国硬阔材出口中占有重要的位置，单价高于其他硬阔树种，出口总量与桦木相同，出口价值仅次于栎类，原产地板材立木价格最高可达600美元/m³，胶合板材立木可达1500~4000美元/m³。单株黑核桃树(直径60cm)的售价曾创下3万美元的记录。

(二)黑核桃仁为高档食品

核仁风味浓香，营养丰富，含蛋白质28%，比核桃高10%，脂肪59%，其中不饱和脂肪酸占63%，是所有核桃之首，同时富含维生素A、维生素B、维生素C及铁、钙等，由于富含亚油酸，被誉为心脏保健食品。黑核桃仁广泛用于生食、烤食、冰淇淋及糖果制作等。核仁单价为16美元/kg，高出核桃4倍以上。一般实生树的出仁率较低(20%左右)，而优良品种的出仁率可达35%~38%。

(三)果皮(壳)可加工成重要的工业原料

美国东部黑核桃果皮含有丰富的微量元素和激素，作为肥料可改善土壤的理化性质，增加土壤微生物的活动，长期施用可提高土壤钙含量 1~1.5 倍，磷含量 7 倍，钾含量 11 倍。黑核桃硬壳占坚果重量的 60%~80%，可以加工成不同粒径的颗粒材料，其硬度远远大于我国的核桃。黑核桃壳粉广泛用于杀虫剂的填料、清洗裘毛和再生塑料的填充物。在军事上，用于飞机、轮船、潜水艇机器的清洗；在汽车工业上，用于齿轮、变速箱、汽车电镀前的清洗，并广泛用于铅、铝合金等金属的抛光；在钻探工业上，用于固定和密封钻头及石油勘探；同时又能用于油漆涂料、炸药、化妆品等，是非常重要的工业原料，其价值与核仁相等。

(四)次生代谢物及其生物活性

美国东部黑核桃含有多种次生代谢物质，如胡桃酮、单宁、没食子酸等具有较高药用价值的物质，其中多酚类有消炎作用。

第三节　国内引种栽培

我国引进黑核桃的工作起步较晚。1984 年开始引种黑核桃，并在新疆、河南、山西、宁夏等地先后建立了示范区和栽培区。随后一些地区建立了相应的育苗基地和栽培试验区，并采取先进的栽培技术、育苗技术和管理技术等，以扩展黑核桃在我国的引种范围和推广领域。现以西北、华北及其他地区等地域界限为划分标准，对黑核桃在我国的引种及推广应用做以下简要概述。

一、黑核桃在西北地区引种及推广应用

黑核桃具有抗旱、抗寒及耐盐碱等生物学特性，这是能在西北地区引种和推广的前提条件和关键所在。自 1991—2003 年，在新疆南北疆不同生态区(乌鲁木齐市、玛纳斯县、伊宁市、吉木萨尔县、塔城市、阿勒泰市、石河子市、温宿县等)开展引种栽培试验，

宋锋惠等（2008）探究黑核桃在新疆不同生态环境下生长适应性、繁育和栽培技术，结果表明，在降水量 250mm 以下的不同生态区域引种栽培，只要加强水肥管理，黑核桃均能够进行正常生长，但新疆不同地区条件生长差异性较大，其中伊犁河谷地区是新疆培育黑核桃用材林的最佳生长适宜区，这为伊犁州生态工程提供抗旱、速生优良树种支撑，也为促进新的用材树种的栽培和发展，在新疆具有较大的推广应用价值。史彦江等（2006）根据多年在新疆引种黑核桃的生产实践认为，引进美国中北部抗寒性强的黑核桃种源的优良品系，在土层深厚肥沃、有灌溉条件的新疆生态区域进行栽种，作为新疆农田防护林树种结构调整提供更新替代树种和城市绿化树种，具有较大的发展前景。

为了解黑核桃在西藏的适宜播种期，西藏于 1999 年从美国内布拉斯加州大学引进 51 个黑核桃品种（系）的种子，并在林芝县八一镇西藏农牧学院进行了实生苗木培育技术研究，培育出了 46 个品种（系）的实生苗，使得黑核桃在海拔 2900m 高寒地区得以生长。各品种（系）的层积催芽所需时间因品种、采种母株以及育苗地环境条件不同而不同，在西藏层积催芽时间需要 90～200 天（邢震等，2007）。并连续 2 年对其中 Boswerl、Cranz、Demings Purple 等 11 个品种的 2~3 年实生美国黑核桃生长量进行观测发现：黑核桃实生幼苗物候期因品种不同而不同。1 年中，主要生长期在 4 月底至 9 月底，整个生长期为 80~150 天，生长期短，其中主要生长旺盛期为 15~45 天。引种栽培的 11 个品种实生苗均表现出不同程度的冬季抽干现象，顶梢生长量受到一定的限制，每年的顶梢生长量在"生长—抽干回缩—生长"的循环中增加，危害最轻的是 Hay，所有品种需进行冬季防抽干措施保护。

1998 年，由国家三北防护林建设局列项，在甘肃陇东、陇南等地引进黑核桃，并建立黑核桃良种繁育基地（刘从等，2002）。1998 年 11 月，从河南省洛宁县引进美国黑核桃良种苗木 1.9 万株，在天水市和平凉市建成种子园 10hm²，采穗圃 6.7hm²，引进美国黑核桃 1.2 万粒，培育实生苗 0.4hm^2。经调查，种子发芽率达 80%，育苗成活率达 75%；种子园采穗圃苗木成活率达 85% 以上。共引进 15 个良种无性系，包括奥黑（Ohio）、奥奇（Osage）、斯帕克 127（Sparks #127）、拉兹（Wrights）、莎切尔（Thatcher）、麦克（Mcginnis）、爱玛 K（Emmak）、惊奇（Surprise）、贝克（Beck）、范特（Vandersloot）、火花（Sparrow）、哈尔（Hare）、蒙特利（Mently）、戴维逊（Davidson）、帕米尔（Palmmel）。截至 2000 年年底，甘肃已培育美国黑核桃实生苗 7000 余株，嫁接苗近 3 万株。黑核桃在甘肃东南部地区的平凉、庆阳、临夏，特别是天水、陇南等地（市）的种植带与美国黑核桃原产地都处于北半球同一纬度，是栽培黑核桃的最佳适生区，为黑核桃的进一步推广和发展提供了良好的平台和根基。

二、黑核桃在华北地区引种及推广应用

1985 年，内蒙古林科院曾从辽宁省熊岳树木园采到种子，育苗后定植于呼和浩特树木园，由于受春季干旱影响，顶芽受害，始终成灌丛状，长势差，表现一般；1998—2000 年分别在内蒙古东、中、西部开展黑核桃引种栽培试验，并先后从河南省、山西省引进小果黑核桃实生苗和嫁接苗、美国东部黑核桃共 7 个无性系克朗地（George）、贝克（Bentlg）、莎切尔（Joha Thatcher）、斯帕克（Sparks Mx）、戴维森（Davidson）、福森（Christoff Erson）、普渡（Demings Purple）实生苗进行驯化试验（季蒙等，2004）。总结出呼和浩特、包头及赤峰以南地区无霜期较长，热量较高，降水量较大，土壤条件适宜，在有灌溉条件下，可作为适生栽培范围区。宁夏于 2000 年开始引进黑核桃，2001 年冬引进黑核桃原种，在陶林园艺试验场进行试验示范播种和育苗，通过不断地选种、育苗、栽培和嫁接等，现已具备了掌握培育黑核桃幼苗管理技术和育苗技术，为宁夏发展美国东部黑核桃积累了一定的经验，奠定了基础（王兴智等，2002）。

三、黑核桃在其他地区引种及推广应用

自 1984 年开始，中国林科院在河南省洛宁县长水核桃试验站进行美国黑核桃引种试验（奚声珂等，1995）。首批引进的种子来自美国加州的基因资源中心，以魁核桃、北加州黑核桃和奇异黑核桃（*J. psradox*）为主。之后，又于 1990 年、1994 年和 1996 年先后 3 次组织专家小组赴美国进行考察和引种，先后到密苏里、勘萨斯、德克萨斯州、加利福尼亚州、阿勒冈州等 20 多个州、10 余所大学及国家科研机构，比较系统地进行了考察和引种试验。为进一步加快黑核桃在我国的引种速度，提升黑核桃在我国的推广力度，国家外国专家局和国家林业局分别于 1998 年和 1999 年在河南省和山西省建立黑核桃良种繁育基地。

自 1996 年黑核桃被列入国家林业局 "948" 重点引种项目以来，我国先后按引种目标分两批从美国和法国引进黑核桃资源。从美国引进优良材用型种源（家系）130 个，具有水波纹和果材兼用型优良品种接穗 33 个，引进范围覆盖美国 3 个气候区、33 个州；从法国引进其广泛应用的黑核桃、核桃果材兼用型优良品种 5 个、优良杂种种子 400 粒，在一定程度上扩大了我国黑核桃的引种范围，延伸了黑核桃的推广领域，丰富了黑核桃的品种和资源（张建国等，2003）。山东、福建、北京、江西、陕西等地相继引进了大批的优良品种或品系（于强等，1999），如山东农业大学 1999 年引进了美国加州黑核桃、魁核桃、美国东部黑核桃及 GST 优良品系（包括 6 个品种），并分别在山东省海阳、荣成、泰安、菏泽等地进行了试验。通过浸种、层积、催芽等处理，发芽率达到 70% 左右，且在各试验地长势良好。2001 年 1 月，济宁市林业科学研究所从美国宾夕法尼亚州引进美国东部黑核桃种子进行苗木培育。3 月从中国林科院科研基地河南省友谊苗圃引进北加州黑核桃、小黑核桃、魁核桃、奇异核桃 4 个树种和比尔、皮纳、拉兹、名特、浪花、莎切尔等良种无性系，苗木培育和良种栽培主要在济宁市高新区进行。

2001—2003 年，江苏省宿豫县在省外专局资金扶持下和省农科院技术指导下，从河南省友谊苗圃引进美国东部黑核桃优良无性系，共计 16 个品种 2 万株左右苗木。这些苗木引种 3 年来生长速度快、抗性强、适应广、树体高大、病虫害轻（程向东等，2003）。

截至 2002 年，我国已建立了黑核桃良种圃、采穗圃、种子园、试验林和种源试验区，同时从美国引进美国东部黑核桃优良品种 30 个、优良品系 100 余个，繁育良种苗木 20 余万株，在全国核桃生产区河南、北京、山东、陕西、山西、宁夏、四川、云南、贵州、江西、新疆、吉林、黑龙江等 13 个省份进行了引种试验和推广，并获得了成功，丰富了我国核桃种质资源。黑核桃基本能适应我国大部分地区的气候条件和土壤条件，南起云南北至黑龙江，东起山东西至新疆，都能适应生长并结实，有些品种的表现甚至优于原引出地，为黑核桃在我国的引种和推广奠定良好的基础，也为今后我国发展材果兼用型核桃提供技术支撑（李喜运等，2002）。经多年观察研究，各地相继从其实生后代中选出了一些适宜于当地生态环境的优良品种或优株。

随后从 2001 年起，对黑核桃良种资源引进、育苗技术及丰产栽培技术研究开发、推广，为开发利用好黑核桃良种资源做出更大的贡献。引种后，国内研究者进行了黑核桃的幼树选择、种子育苗、嫁接繁育、木材物理力学等方面研究。荀守华等（2005）以胸径生长量和干形为选择指标，从引进的美国东部黑核桃中选出速生、干形好的优树 7 株。裴东等（2002）研究表明，低温层积催芽可促进其当年生苗木生长，且层积时间愈长，苗木的长势愈强。刘朝斌（2006）在陕西杨凌研究发现，美国东部黑核桃和核桃舌接嫁接成活率最高，达到 95.6%，生长量高达 1.86m。张俊佩等（2007）总结出冬季室内枝接、春季大田枝接、夏季方块芽接、秋季芽接的系列嫁接技术。何振荣（2003）总结了一套核桃大树高接美国东部黑核桃技术成功经验：采用蜡封接穗插皮嫁接，接头成活率 89.8%、接穗成活率 74.2%；第 3 年已全部结实，经推广应用取得了良好效果。李

高阳等(2021)以 2 年生普通实生核桃为砧木，夏季方块芽接法嫁接黑核桃品种，通过研究黑核桃 1~9 号共 9 个优良品种嫁接苗的生长规律可知，嫁接苗嫁接口基径和嫁接口以上高度生长相关性并不显著，多数品种生长规律类似，4~6 月是快速生长期，7 月高温高湿天气进入休眠，8 月有抽秋梢现象。品种间生长量差异显著，6 号生长量最大，且无 7 月休眠期；而 4 号生长量最小，进入 7 月后休眠直至落叶。且盆栽与大田栽植生长量差异显著，这与深根性植物特性一致。张俊佩等(2016)以采自河南省洛阳市洛宁县东关村的 23 年生美国黑核桃比尔、拉兹、皮纳、哈尔、莎切尔、北加州、奇异、大果、帕米尔 20 号和奥奇 1 号共 10 个品系的木材为研究对象，研究对比不同品系木材之间物理力学性质的差异，结果表明：引种黑核桃木材物理力学性质与原产地黑核桃木材相比，整体差异不大，且高于同产地的核桃楸和核桃两种常用的家具用材，10 个品系的美国黑核桃木材物理力学性质较好，可作为家具用材使用。10 个品系美国黑核桃木材中，奥奇 1 号和哈尔材性优于其他品系，而皮纳的尺寸稳定性最好，为木材的合理利用及优质木材的定向培育提供参考。

此外，黑核桃具有明显的杂种优势，是重要的核桃砧木及材用核桃资源。李少雄等(2007)用美国东部黑核桃和魁核桃为母本，中国铁核桃和普通核桃为父本杂交，获得了 F1 代优势单株。刘新燕等(2013)用 F1 代无性系进行造林，遗传增益显著，且干形通直、分枝角小，抗寒性较强，经济效益大。中国林业科学研究院选育出中宁奇、中洛缘、中宁魁等良种，其中中宁奇是从北加州黑核桃与核桃的种间杂交种中选育出的速生核桃品种，可作为速生优质硬阔用材树种(李莉等，2016)。洛珠 1 号由洛阳农林科学院在黑核桃播种选育出来，该品种外形特异、丰产性强、连年结果能力强、坚果小，适宜作为文玩串珠的黑核桃品种(王治军等，2022)。

通过对我国黑核桃引进历程按其在不同地区引种时间的先后顺序进行汇总，见表1-3。

表 1-3　我国部分省份黑核桃引种概况

引种省份	引种时间	引种品系	引种试验区
河南、北京	1984 年	首批引进美国黑核桃种子，以魁核桃、北加州黑核桃和奇异核桃为主，引进黑核桃组的树种 5 个，品种 10 个	洛阳绿城农业培植实验区
新疆	1991—2003 年	从美国内布拉斯加州、美国密苏里州引进黑核桃种子，主要有美国东部黑核桃以及北加州黑核桃	南北疆成立黑核桃种子园，南疆阿克苏地区温宿县；北疆伊宁市，伊犁州林科所苗圃、玛纳斯试验基地，乌鲁木齐市，石河子市，塔城市和阿勒泰市
山西	1996 年	引进美国黑核桃无性系 30 个，优良种源及家系 54 个，包括中林 6 号、辽核 1 号、香玲、中林 3 号、中林 1 号	忻府区、方山、襄汾县试验区
宁夏	1998 年 2000 年	引进美国黑核桃优良品系，包括黑核桃 W4、W5、A6 和 B14	陶林园艺试验场，中宁轿子山林场
江苏	1998 年 2001—2003 年	1998 年引种美国黑核桃优良品系，包括奇异-4 号、黑-6 号、黑-11 号、黑-13 号、黑-37 号、黑-38 号等 6 个品系；2001—2003 年引进美国黑核桃优良无性系 16 个	东海县石湖、牛山试验区、宿豫区
内蒙古	1998—2000 年	引进小果黑核桃嫁接苗和实生苗，7 个无性系克朗地、贝克、莎切尔、斯帕克、戴维森、福森、普渡	呼和浩特、包头、赤峰、通辽、临河、磴口等试验区
西藏	1999 年	引进美国内布拉斯加州大学园艺系 51 个黑核桃品种(系)的优良种子	林芝县以及拉萨地区的墨竹工卡、曲水、林周等地试验区
甘肃	1999 年 2000 年	1999 年引进美国黑核桃 15 个良种无性系，包括奥黑、奥奇、斯帕克 127、拉兹、麦克、爱玛 K、惊奇、贝克、范特、火花、莎切尔、哈尔、帕米尔、蒙特利、戴维逊，2000 年引进 8 个优良无性系(名特、比尔、奥奇 1 号、丽纹、莎切尔、麦克、哈尔、皮纳)、奇异核桃和北加州黑核桃	天水市元龙苗圃和平凉市华亭县东华苗圃、崇信县龙泉寺苗圃建采穗圃和种子园，正宁县西坡林场，天水、平凉、陇南、庆阳、临夏等 17 个市县示范推广

（续）

引种省份	引种时间	引种品系	引种试验区
山东	1999 年 2001 年	1999 年引进美国北加州魁核桃、黑核桃、美国东部黑核桃、GST 优良种类（7 个品系），2001 年引进北加州小黑核桃、黑核桃、魁核桃、奇异核桃等树种以及比尔、皮纳、拉兹、名特、浪花、莎切尔等良种无性系	济宁、海阳、荣成、泰安、菏泽等地
上海	2004 年	美国黑核桃	上海地区

我国引种黑核桃近 40 年，开展了相关科研试验工作，建立了育苗基地和试验园区，利用育苗、栽培、嫁接、管理等技术在全国大部分地区进行大面积推广种植和发展。各地也选育了适合当地生长的优势种系，丰富了我国的核桃种质资源。黑核桃根深干高，寿命长，抗逆性强，病虫害少，果仁营养丰富，是优质果材兼用树种和农田防护林、城市及通道绿化树种，在我国继续发展黑核桃产业前景十分广阔。

在今后的引种育苗工作中，应了解引进品种的特性，因地制宜，有目的引种，把黑核桃良种的选育和科学育苗技术、管理措施相结合，提高其苗木成活率，为黑核桃栽培提供优质苗木和技术支持。在引进国外优良种系的同时，要选育出适合我国发展的特色优良品种，丰富我国的黑核桃种质资源，确保黑核桃在我国的健康持续发展，推动经济林的跨越式发展。

第二章
新疆黑核桃生物生态学特性

新疆生态环境的典型特征为干旱、少雨、盐碱重。开展黑核桃的资源引进、生物学特性与生长适应性差异分析以及根系分布特性研究，为不同立地条件下选择适宜的资源，扩大黑核桃在新疆的种植面积、种植范围和高效栽培，提供理论参考和重要的实践应用价值。

第一节　生物学特性

新疆黑核桃亦称美国东部黑核桃，其学名 *Juglans nigra*，多年生落叶乔木，树高 5~8m，枝灰褐色，被灰褐色绒毛，皮孔稀而凸起，浅棕色；有芽座(2cm)与 2 个副芽重叠(图 2-1)；奇数羽状复叶，小叶数 9~13 片，叶宽 3~5cm，叶面无毛，对生基部，卵状披针形，狭长，叶缘锯齿状，复叶小枝有毛(图 2-2)；雄花序为柔荑花序(图 2-3)，长 5~10cm，雌花序穗状生，小花 1~3 朵；坚果壳硬，刻沟深，果大，形状各异，一序 2~3 个果，坚果 9 月底至 10 月上旬成熟，成熟时外果皮金褐色(图 2-4)。

4 月中下旬树液开始流动，芽膨大，4 月下旬至 5 月初展叶，4 月下旬至 5 月上旬进入高生长期，5 月初开花，7 月底至 8 月初停止高生长，高生长期约 80 天，10 月中下旬叶黄、叶落。封顶后为

使新梢完全木质化，防止新梢的二次生长，减免早、晚霜危害，进行有效控水。同时，黑核桃的萌动较其他树种晚，则受晚霜的伤害性影响不大。

该树种的主要特点：①生长快：采用1年生实生苗造林(图2-5)，加强集约管理，定植第3年后，均年高生长可达0.8~1.0m，地径2.0~3.0cm，栽植后4年开花结果。②具有较强的抗逆性。新疆黑核桃为深根性树种，2年生主根深达3.1m，具有适应性强、耐干旱的特点。抗盐碱、抗风沙能力强；可在pH值≤8.5的碱性土壤中正常生长。抗寒性强，在各试点均表现出较强的越冬性，休眠期可抗-33℃的绝对低温，新疆黑核桃顶端优势强，即使顶芽出现受冻、干梢现象，但其下方侧芽仍表现出极强的生长优势，具有较强的耐土壤瘠薄能力。耐大气干旱能力强于小叶白蜡、黄波罗等硬杂木树种。③优良的用材和城市绿化树种，也是农田防护林的良好树种。新疆黑核桃树冠匀称，主干挺拔(图2-6)，侧枝稀疏，叶大浓绿，入秋黄果点缀，可为新疆城市园林绿化增添新的观赏价值高的抗病防虫行道树种。④果仁营养丰富。定植后第4年开始可生产坚果，其坚果仁营养丰富，富含亚油酸，被誉为"心脏保健食品"，坚果的收入可以起到以短养长的作用。

图2-1　新疆黑核桃芽

图2-2　新疆黑核桃叶

图 2-3 新疆黑核桃雄花序

图 2-4 新疆黑核桃果实

图 2-5 1 年生新疆黑核桃实生苗根系

图 2-6 新疆黑核桃树干

第二节　不同品系的生长适应性差异

一、不同家系幼树年生长节律

1999 年秋，从美国内布拉斯加州大学美国东部黑核桃丰产园引进 3 个优良家系（编号为 34#、21#、21#$_{L-4}$）的种子，2000 年在山西黑核桃育苗基地播种育苗，2001 年由新疆林科院黑核桃项目组引进 1 年生的优良家系实生苗，在新疆林科院玛纳斯试验站按照 2m×4m 株行距进行 50~60cm 苗高的定植。

该试验基地地处东经 88°16′，北纬 44°22′，年平均气温为 7.1℃，极端最低气温-39.8℃，极端最高气温 42.8℃，平均日较差 13.4℃，≥10℃的有效积温 2400~3900℃，平均无霜期 172 天，年日照时数 2833 小时，年平均降水量 189mm，年平均蒸发量 1780mm，冬季积雪 12~14cm。在正常苗木管理的基础上，为掌握黑核桃在生长季节的关键栽培管理技术要点，为该树种在新疆的大面积推广提供理论基础，于定植后的 2003—2004 年，连续两年对 4 年生、5 年生树于春季自幼树抽梢起，每 10 天定期观测当年生长量、基径生长量（根茎上部 50cm 处，用黄油漆标记），并进行生长物候观测。

（一）物候观测结果

表 2-1　2003—2004 年物候观测汇总　　　月.日

家系	萌动	见绿	展叶	抽梢	封顶	叶落
34#	4.15-4.27	4.15-5.4	4.19-5.4	4.25-5.5	8.5-8.10	10.20
21#	4.19-4.27	4.19-4.27	4.19-5.4	4.27-5.7	7.30	10.20
21#$_{L-4}$	4.15-4.27	4.19-5.7	4.23-5.4	4.27-5.7	7.30-8.5	10.20

表 2-1 可以看出：4 月中下旬黑核桃的树液开始流动，芽膨大，4 月下旬至 5 月初展叶，4 月下旬至 5 月上旬才进入高生长期，此时

日平均气温已稳定在 10~12℃；反映了该树种的萌动生长对温度的要求较高。7 月底至 8 月初停止高生长，高生长期大约 80 天，10 月中下旬叶黄、叶落。但各家系间的物候存在差异，以 34# 家系的萌动、展叶、抽梢期为最早，高生长停止最晚，反映了美国东部黑核桃家系间生长物候的差异性。因此，在引进种子、苗木时，需考虑引进经过区域试验的优良种源的优良家系。

试验地夏季炎热、冬季寒冷，从黑核桃的生长物候看，7 月底 8 月初处于气候干热高峰季节，为适应气候的变化，导致高生长停止，说明该树种对高温的敏感性。

(二) 幼树高年生长节律

表 2-2 试验家系年不同生长阶段高生长累计观测值及净生长量

年份	日期（月.日）	累计观测值(cm)			平均净生长量(cm)		
		34#	21#	21#ₗ₋₄	34#	21#	21#ₗ₋₄
2003	5.23	30.0	29.0	27.7	30.0	29.0	27.7
	6.04	51.6	52.3	48.5	21.6	23.3	20.8
	6.14	68.1	68.2	61.4	16.5	15.9	12.9
	6.24	90.6	92.6	84.3	22.5	24.4	22.9
	7.04	126.3	120.3	115.8	35.7	27.7	31.5
	7.14	143.8	134.2	132.3	17.5	13.9	16.5
	7.24	166.4	145.1	146.8	22.6	10.9	14.5
	8.04	172.3	148.6	151.5	5.9	3.5	4.7
	8.14	178.5	150.0	152.8	6.2	1.4	1.3
	8.24	180.4	150.8	155.0	1.9	0.8	2.2
	9.03	180.7	150.8	155.4	0.3	0	0.4
合计		180.7	150.8	155.4	180.7	150.8	155.4
2004	4.26	5.9	3.8	4.0	5.9	3.8	4.0
	5.09	25.5	16.0	13.1	19.6	12.1	9.1
	5.19	45.0	32.1	30.2	19.5	16.2	17.1
	5.29	54.2	45.1	45.2	9.2	13.0	15.0
	6.09	62.4	56.2	58.1	8.2	11.1	12.9

（续）

年份	日期 （月.日）	累计观测值（cm）			平均净生长量（cm）		
		$34^{\#}$	$21^{\#}$	$21^{\#}_{L-4}$	$34^{\#}$	$21^{\#}$	$21^{\#}_{L-4}$
2004	6.20	72.9	70.7	67.3	10.5	14.5	9.2
	6.30	82.0	74.0	79.9	9.1	3.3	12.6
	7.09	91.9	80.0	84.8	9.9	6.0	4.9
	7.21	100.3	83.0	85.9	8.4	3.0	1.1
	7.31	103.8	85.0	85.9	3.5	2.0	0
	8.10	108.8	89.7	85.9	5.0	4.7	0
	8.20	110.8	90.5	85.9	2.0	0.8	0
	8.31	110.8	90.5	85.9	0	0	0
合计		110.8	90.5	85.9	110.8	90.5	85.9

表 2-2 表明：连续两年 3 个家系的幼树各时期的高生长量虽有差异，但生长速率基本一致。高生长的高峰期出现在 6~7 月上旬。

4 年生幼树的 3 个家系在速生期内的 10 天，最高净生长量分别达到 35.7cm、27.7cm、31.5cm；各家系速生期内的日均生长量达 2.8~3.6cm，7 月下旬以后，日均生长量急剧下降到 0.4~0.6cm；8 月中旬基本停止生长。5 年生幼树受气候的影响，各家系树高生长量均比 4 年生小，树木生长期间 10 天的最大净生长量分别达 19.6cm、16.2cm、15.7cm，比 4 年生幼树分别减少 45%、42%、50%，生长量变幅在 0~19.6cm。

4 年生各家系幼树的高度净生长量依次为 180.7cm、150.8cm、155.4cm，即 $34^{\#}>21^{\#}_{L-4}>21^{\#}$；5 年生幼树依次为 110.8cm、90.5cm、85.9cm，即 $34^{\#}>21^{\#}>21^{\#}_{L-4}$，连续两年均以 $34^{\#}$ 生长量最大。

为进一步检验幼树年度内高生长量差异，对 4~5 年生幼树高生长作方差分析表明（表 2-3）：黑核桃不同家系间的生长量存在显著差异，年度间的气候环境变化对黑核桃的生长也产生了极大影响。

表 2-3 幼树高的年度净生长量方差分析

变异来源	自由度	平方和	均方	F 值	$F_{理论值}$
家系间	2	986.44	493.22	13.89*	$F_{0.10}(2, 2) = 9.00$
年度间	1	7162.21	7162.21	201.63**	$F_{0.05}(2, 2) = 19.00$
误差	2	71.04	5.52		$F_{0.01}(1, 2) = 98.50$

另外，为比较不同家系在生长季节的阶段生长情况，采用生长速率指标进行分析。

表 2-4 黑核桃不同家系树高的阶段生长速率 %

年份	日期 （月.日）	34#	21#	21#L-4	年份	日期 （月.日）	34#	21#	21#L-4
2003	5.23	16.6	19.2	17.8	2004	4.26	5.3	4.2	4.7
	6.24	33.6	42.2	36.4		5.29	43.6	45.6	48.2
	7.24	42.0	34.8	40.2		6.30	25.1	31.9	40.1
	8.24	7.8	3.8	5.6		7.31	19.7	12.2	6.9
	8.31	6.3	6.1	0.1		8.31	6.3	6.1	0.1
合计		100.0	100.0	100.0	合计		100.0	100.0	100.0

注：生长速率指阶段生长量占全年生长量的百分比。

表 2-4 显示：受气候的影响，同一家系的不同年份，当年高生长虽有较大区别，但生长速率差异较小；同一年份各家系幼树高的阶段生长量虽存在一定的差异，但各时期的高生长量占全年总生长量的百分率（生长速率）仍比较接近，这是树木的遗传特性所致。如 4 年生幼树 6 月之前的高生长量占全年的 15%~20%，6~7 月约占 75%，8 月以后占 5%~10%；5 年生幼树 6 月之前的高生长占 40%~50%，6~7 月约占 45%，8 月以后占 5%，生长旺盛期主要集中在 6~7 月。因此，黑核桃年度高生长大致分为以下 4 个阶段：①生长前期（4 月），高生长占全年的 10%；②生长旺盛期（5~7 月），高生长占全年的 70%~80%；③生长减缓期（8 月以后），高生长约占 10%；④生长停止期（9 月）。

(三) 基径生长节律

表 2-5 试验家系年不同生长阶段树干基径生长累计观测值及净生长量

年份	日期 (月.日)	累计观测值(cm)			基径净生长(cm)		
		$34^{\#}$	$21^{\#}$	$21^{\#}_{L-4}$	$34^{\#}$	$21^{\#}$	$21^{\#}_{L-4}$
2003	5.23	1.634	1.870	2.007	0	0	0
	6.04	1.889	2.160	2.270	0.255	0.290	0.263
	6.14	2.168	2.407	2.490	0.279	0.247	0.220
	6.24	2.487	2.590	2.720	0.319	0.183	0.230
	7.04	2.748	2.736	2.902	0.261	0.146	0.182
	7.14	2.926	2.818	3.040	0.178	0.082	0.138
	7.24	3.172	2.930	3.220	0.246	0.112	0.180
	8.04	3.276	3.010	3.370	0.104	0.080	0.150
	8.14	3.446	3.080	3.440	0.170	0.070	0.070
	8.24	3.570	3.090	3.500	0.124	0.010	0.060
	9.03	3.643	3.090	3.579	0.073	0	0.079
合计					2.009	1.220	1.572
2004	4.26	3.701	3.120	3.724	0	0	0
	5.09	3.749	3.171	3.786	0.048	0.051	0.062
	5.19	3.818	3.209	3.852	0.069	0.038	0.066
	5.29	4.098	3.441	4.024	0.280	0.232	0.172
	6.09	4.381	3.55	4.250	0.283	0.109	0.226
	6.20	4.710	3.813	4.577	0.329	0.263	0.327
	6.30	4.987	3.952	4.699	0.277	0.139	0.122
	7.09	5.228	4.165	4.860	0.241	0.213	0.161
	7.21	5.505	4.324	4.968	0.277	0.159	0.108
	7.31	5.696	4.483	5.046	0.191	0.159	0.078
	8.10	5.945	4.57	5.141	0.249	0.087	0.095
	8.20	6.113	4.666	5.147	0.168	0.096	0.006
	8.31	6.180	4.714	5.162	0.067	0.048	0.015
合计					2.470	1.594	1.438

表 2-5 显示：高生长快的 34# 家系，其径生长量仍大，且 6~8 月的生长量比较均匀。高生长相对较慢的 21# 和 21#L-4 2 个家系的树干基径生长主要集中在 5~7 月，各家系的基径生长量表现出较大的差距。4 年生树的变幅为 1.572~2.009cm，5 年生树的变幅为 1.438~2.470cm；同一家系在不同年份的基径生长量也表现出较大的差异，如 34# 家系 5 年生比 4 年生的基径生长量快 18.7%。

表 2-6　黑核桃不同家系树干基径的阶段生长速率　　　　　　%

年份	日期(月.日)	34#	21#	21#L-4	年份	日期(月.日)	34#	21#	21#L-4
2003	5.23	0	0	0	2004	4.26	0	0	0
	6.24	42.5	59.0	45.4		5.29	16.0	20.1	20.9
	7.24	34.1	27.9	31.8		6.30	35.9	32.1	46.9
	8.24	19.8	13.1	17.8		7.31	28.6	33.3	24.1
	9.03	3.6	0	5.0		8.31	19.5	14.5	8.1
合计		100.0	100.0	100.0	合计		100.0	100.0	100.0

表 2-6 显示：7 月仍是径生长的速生期，占全年生长量的 50%~70%，家系间差异不明显，但 6 月前、8 月后分别也占 15%~20%。即在高生长 5 月、8 月，树木的营养主要用于径生长。在水土管理过程中，为保证高生长提前进入速生期，并加快径生长量，在 5~7 月需加强树木的水肥管理，依次提高树木的材积生长量。

(四) 结　论

美国东部黑核桃春季萌动、抽梢生长较晚，高、径生长自 4 月下旬至 5 月上旬开始，7 月下旬至 8 月上旬停止，生长期仅为 80 天左右，生长旺盛期集中在 6~7 月。

连续两年对黑核桃幼树的系统观测表明：高、径生长对气候环境，特别是温度比较敏感，为使新梢充分木质化，防止新梢的二次生长，减免早、晚霜危害，在树木停止高生长后，应及时进行有效控水。

黑核桃同一种源不同家系间，在高、径生长量方面存在显著差

异，在引进种子苗木时，应考虑引进经过区域试验种源的优良家系。

根据黑核桃高、径的年生长规律，大致分为4个阶段：①生长前期（4月）；②生长旺盛期（5~7月）；③生长减缓期（8月）；④生长停止期（9月至翌年3月）。

为尽快发挥黑核桃的生态经济效益，在探索栽培模式的同时，应根据该树种的生长习性，进行集约管理，特别是生长旺盛期的水肥管理。

二、黑核桃在新疆不同生态区的生长适应性

为掌握黑核桃在新疆不同生态环境条件下的生长适应性，为黑核桃树种在新疆的推广应用奠定实践基础，考虑黑核桃在美国天然分布区的气候环境条件，选择具有代表性的北疆乌鲁木齐市、玛纳斯县、石河子市、伊宁市、塔城市和阿勒泰市，南疆温宿县为试点，分别在1991年、1998年、1999年、2001年和2003年从美国内布拉斯加州大学、美国密苏里州黑核桃种子园引进黑核桃种子，播种育苗，在南北疆不同生态区开展1年生黑核桃苗木引种栽培生长适应性测定。各试点的地理位置和气象因子见表2-7。

表2-7　各试点的地理位置和气象因子

试点	北纬	东经	海拔（m）	年平均气温（℃）	极端最低气温（℃）	极端最高气温（℃）	年降水量（mm）	年蒸发量（mm）	无霜期（天）
乌鲁木齐市	42°45′~44°08′	86°37′~88°58′	870	5.7	−36.8	41.7	194.6	1914.1	174
石河子市	44°25′~44°27″	85°59′~86°1′	429	6.6	−39.9	42.2	204.2	1514.0	170
伊宁市	42°00′~44°00′	81°00′~84°00′	663	8.4	−40.4	37.9	257.5	1613.6	159
温宿县	40°52′~41°15′	79°28′~81°30′	1056	10.0	−27.4	40.9	65.4	2002.2	185

（续）

试点	北纬	东经	海拔（m）	年平均气温（℃）	极端最低气温（℃）	极端最高气温（℃）	年降水量（mm）	年蒸发量（mm）	无霜期（天）
玛纳斯县	43°28′~45°38″	85°34′~86°43′	650	6.9	-38.0	42.0	167.0	1713.4	172
吉木萨尔	43°30′~45°30′	88°30′~89°30	735	6.5	-36.6	40.8	168.2	2309.7	170
塔城市	46°00′~48°00′	81°00′~84°00′	548	5.9	-39.2	41.3	280.3	1026.0	148
阿勒泰市	47°12′~48°38′	86°57′~88°39′	735	4.0	-43.5	37.6	180.8	1812.2	150

（一）乌鲁木齐市试点生长与适应性

1991 年，新疆林科院首次从美国内布拉斯加州引进黑核桃的种子，在乌鲁木齐市新疆林科院六道湾试验站播种育苗，1995 年以 2m×2m 株行距就近移植，2000 年该批黑核桃树木以绿化苗的形式定植于乌鲁木齐市各个绿化区。连续多年生长量调查结果（表 2-8）表明：播种后第 4 年的平均树高为 2.66m，生长最快的单株树高达 4.30m，年均生长量为 66.5cm；平均胸径 1.93cm，最大胸径 3.62cm。移植后，因管理人员变动，浇水较少，缓苗期较长，8 年生幼树平均树高仅为 4.16m；经过 1 年的缓苗后，1999 年生长速度开始加快，年度胸径生长量达 1.32cm，最大径生长 1.95cm，没有出现枝条干枯现象，表现出较好的生长适应性，为黑核桃在新疆的进一步引种栽培奠定了基础。

表 2-8　乌鲁木齐市播种的黑核桃苗各年度生长量

调查年份	树龄（年）	调查株数	树高（m）		径粗（cm）	
			平均值	最大值	平均值	最大值
1991	1	58	0.42	0.46	0.66	0.70
1992	2	46	0.93	1.57	1.27	1.67
1993	3	37	1.50	3.10	2.15	2.82

（续）

调查年份	树龄（年）	调查株数	树高（m）		径粗（cm）	
			平均值	最大值	平均值	最大值
1994	4	32	2.66	4.30	1.93	3.62
1997	7	27	3.39	5.10	3.20	5.00
1998	8	27	4.16	5.80	4.38	6.28
1999	9	27	4.78	6.34	5.70	8.23

注：树龄1~3年生的径粗为地径，树龄4~9年生的为胸径。

黑核桃在乌鲁木齐市栽种表现的生长物候期为：4月下旬芽萌动，5月上旬放叶进入高生长期，7月中下旬夏季封顶，如气候环境适宜，出现二次生长，8月底停止生长，新梢逐渐木质化，9月中下旬叶黄、叶落。

（二）石河子市试点

1998年从美国密苏里州黑核桃种子园引进种子在石河子园林研究所苗圃基地播种育苗，1999年以1m×1m的株行距移植。依据黑核桃树体高大，主干挺拔，树形美观，观赏价值较高的特点，2001年秋季以2m株距定植在路边，培育园林绿化示范林带。经连年跟踪调查：各年度生长量和适应性均表现良好，树体发育正常，树形美观，以枝疏、通透、叶绿、生长快而表现出较好的城市绿化效果。各年度生长适应性表现（表2-9）：1年生实生苗1999年移栽后，2000年平均树高、胸径达到1.89m、1.56cm，顶芽受冻率高达42.3%。2001年4年生幼树平均树高3.61m，最高4.20m，平均胸径3.31cm，最大胸径4.88cm，顶芽受冻率降为22.7%。2001年秋季带土球作为城市绿化示范林定植后，定植成活率达100%；经过1次移植，缓苗情况大幅减轻，到2004年（7年生），平均树高4.60m，平均胸径已达6.14cm，最大胸径8.22cm。2005年（8年生）平均树高5.88m，平均胸径8.92cm，最大胸径10.83cm，年度高生长量平均为1.28cm，最大生长量为2.10m；年度胸径生长

2.78cm，显现出很好的绿化效果。2023 年调查树高平均 13.10m，胸径平均 33.155cm。另外，经过几年的栽培驯化，干梢、顶芽受冻现象在 2003 年（6 年生）后已不再出现，成为一道绿化效果很好的示范点，得到相关科研生产部门、园林绿化设计者的认可，表明用黑核桃培育城市绿化树种具有广阔的发展前景。

表 2-9　石河子试点各年度黑核桃生长量

| 调查年份 | 树龄（年） | 树高（m） | | 胸径（cm） | | 顶芽受冻 |
		平均值	最大值	平均值	最大值	（%）
1999	1	0.30	0.45	/	/	/
2000	3	1.89	2.80	1.560	2.000	42.3
2001	4	3.61	4.20	3.313	4.875	22.7
2003	6	3.95	4.70	4.331	5.680	0
2004	7	4.60	5.20	6.140	8.218	0
2005	8	5.88	7.30	8.920	10.828	/
2022	13	12.20	14.07	16.220	17.916	/

（三）伊宁市试点

1999 年从河南洛宁县黑核桃优良品系嫁接种子园引进种子，在伊宁市伊犁州林科所苗圃播种育苗，2000 年以 2m×4m 的株行距定植。种植地土层深厚，气候温凉，空气湿度较大。各年度生长情况较好。由表 2-10 可见：4 年生黑核桃平均树高 3.65m，最高株5.70m，当年平均高生长 1.61m；平均胸径 4.68cm，最大胸径7.18cm，当年平均径生长 2.42cm。8 年生平均树高 10.04m，平均胸径 12.03cm，其生长量可与杨树媲美。充分反映了黑核桃在伊犁河谷地区作为硬阔叶用材树种发展的巨大潜力。伊犁地区为新疆北部较为湿润降水较多的一块湿岛，年降水量在 200~500mm 之间，1月平均气温-10℃，基本不受早霜危害的影响，自然条件与美国北部黑核桃的自然分布区相似，且又是野生核桃的原生地，与其他生态区的同批苗木比较，其生长量均高于其他引种地区，表现出速生

性，能安全越冬，正常生长发育，为黑核桃的最佳适生区，利用在该地区已建立的黑核桃种子园，大力推广发展果材兼用黑核桃林，可形成伊犁地区的特色林业产业。

表 2-10　伊犁试点定植幼树历年生长量

调查年份	树龄（年）	树高（m）		胸径（cm）	
		平均值	最大值	平均值	最大值
2000	2	0.67	1.60	/	/
2001	3	2.04	3.00	2.26	3.18
2002	4	3.65	5.70	4.68	7.18
2003	5	5.36	7.80	7.07	9.01
2006	8	10.04	12.00	12.03	17.8

（四）温宿县试点

1999 年从河南洛宁县引进经初步筛选的优良品系 1 年生子代苗，分别在温宿县核桃林场定植，株行距 1m×2m，2002—2003 年，4 年生和 5 年生幼树平均高生长为 2.15m、3.74m，平均胸径分别为 2.12cm、3.22cm。

（五）玛纳斯试点

该试点设在新疆林科院玛纳斯试验站，2001 年从山西黑核桃良种基地引进美国密苏里州种子园培育的 1 年生实生苗，苗高 40~50cm，定植株行距 2m×4m。2003 年引进同批种源苗木开展年度重复试验，定植株行距 1m×1m。由表 2-11、表 2-12 可见：利用黑核桃 1 年生播种苗定植后，在准噶尔盆地南缘干旱、炎热、寒冷的气候条件下，仍有较快的生长速度。两批苗木反映了相近的生长速度。2001 年定植（表 2-11）：4 年生平均树高 2.0m，平均胸径 3.02cm，当年树高 1.24m。6 年生平均树高 4.06m，当年高仍可达 1.29m，平均胸径 6.59cm。2003 年定植（表 2-12）：因种植密度大，4 年生平均树高达到 2.47m，平均胸径 2.81cm，反映了黑核桃在该生态区域生长的稳定性。

表 2-11 玛纳斯试点 2001—2005 年度生长量汇总（2001 年引进）

调查年份	树龄（年）	树高（m）		径粗（cm）	
		平均值	最大值	平均值	最大值
2001	2	0.29	0.50	1.07	1.95
2002	3	0.78	2.03	2.29	4.24
2003	4	2.01	3.78	3.02	5.93
2004	5	2.76	4.25	4.73	7.39
2005	6	4.06	5.00	6.59	11.13

注：树龄 2~3 年生的径粗为地径，树龄 4~6 年生的为胸径。

表 2-12 玛纳斯试点 2003—2006 年度生长量汇总（2003 年引进）

调查年份	树龄（年）	树高（m）		径粗（cm）	
		平均值	最大值	平均值	最大值
2003	2	0.36	0.49	1.52	2.15
2004	3	1.53	1.95	3.56	4.39
2005	4	2.47	3.20	2.81	3.25
2006	5	3.77	4.50	4.82	6.82

注：树龄 2~3 年生的径粗为地径，树龄 4~5 年生的为胸径。

（六）其他试点

2001 年从山西黑核桃良种基地引进美国密苏里州种子园种子培育的 1 年生实生苗，在吉木萨尔良种试验站、塔城市地区林科所苗圃和阿勒泰市地区林科所苗圃定植。定植株行距均为 1m×1m。经调查：各试点苗木定植当年成活、生长良好，成活率超过 90%，定植第 2 年平均生长量与玛纳斯试点相近，但因黑核桃在夏季停止生长后，未能及时有效控水，二次生长明显，大多数幼树枝条的木质化程度较差，导致翌年出现冻梢，3 个试点地上 40~60cm 以上枝条全部冻死，夏季又新萌发枝条。在塔城地区，定植第 3、4 年春季发生严重冻害，多数苗木地上部 40cm 以上梢段冻死。根据黑核桃生物、生态学特性，该树种具有极强的抗寒能力（耐-43℃），而

在以上地区降水量较大,加强控水管理,有利于黑核桃表现出较强的生长适应性。

(七)各试点生长适应性比较分析

由表 2-13 看出:在降水量 250mm 左右的伊宁市的伊犁地区,4年生黑核桃幼树的高、径生长量最大,分别是极端干旱区温宿试点的 169.77%、220.75%,又分别是寒冷干旱区玛纳斯试点的 181.59%、155.22%。因此,从气候环境条件看,黑核桃更适应在温凉、年降水量大的环境下生长。但其在降水量只有 65mm 的温宿县,仍可表现出较好的生长,4年生幼树的最高生长可达 3.9m,最大胸径 4.27cm,此外,各试点管理正常的情况下,均未出现冻干梢现象。充分反映了该树种在新疆不同生态环境条件下的良好表现和发展应用前景。

表 2-13 不同生态区 4 年生黑核桃幼树的生长量

试点	降水量（mm）	树高（m）		胸径（cm）	
		平均值	最大值	平均值	最大值
乌鲁木齐市	194.6	2.66	4.30	1.93	3.62
伊宁市	257.5	3.65	5.70	4.68	7.18
石河子市	204.2	3.61	4.20	3.31	4.88
玛纳斯县	167.0	2.01	3.78	3.02	5.93
温宿县	65.4	2.15	3.90	2.12	4.27

(八)结 论

新疆不同生态区域开展的引种栽培试验表明:在降水量低于250mm 以下的新疆不同生态区域引种栽培深根性的黑核桃树种,只要有较好的灌溉条件,是能够正常生长的,但生长差异性较大,其中伊犁河谷地区是新疆培育黑核桃用材林的最佳适生区。黑核桃虽能耐-43℃的低温,但秋季控水不当,易造成新梢干枯,尤其是幼树。塔城市、阿勒泰市水分条件虽好,但由于新梢停止生长后,没有及时控水,导致连续 4 年出现新梢干枯。黑核桃生长快、材质好、树干通直、树形美观、抗性强、寿命长,作为培育城市绿化树

种、优质用材林和农用防护林，在新疆具有较大的推广应用价值。

三、黑核桃优良品系表型测定

为进一步掌握黑核桃在南北疆的生长、适应性差异，选择不同生态区适宜的优良品系，确定其栽培适生范围。以此建立优良品系嫁接种子园、培育良种壮苗，进行大面积推广应用。2000年春季，从河南洛宁县林科所引进经筛选出的 7 个黑核桃优良品系(编号为 1#、3#、5#、6#、8#、9#、奇异核桃)1 年生嫁接品系苗(砧木为河南当地核桃)，按照株行距 3m×3m，分别定植在北疆呼图壁县的干河子林场和南疆阿克苏市的扎木台试验站。

阿克苏市扎木台试验站位于东经 80°14′，北纬 40°16′，海拔 1132m。土壤为冲积淤土，有机质 0.24%～1.62%。pH 值 8.15～9.75，地下水位 1.06～1.50m；年降水量 65.2mm，年蒸发量 1972.9mm；年平均气温 10.1℃，≥10℃的有效积温 3882.7℃，极端最高气温 37.6℃，极端最低气温-27.6℃，日照时数 2765.9 小时，平均相对湿度 56%，无霜期 191.2 天。

呼图壁县干河子林场位于东经 88°16′，北纬 44°22′，年平均气温 7.1℃，极端最低气温-39.8℃，极端最高气温 42.8℃，平均日较差 13.4℃，≥10℃的有效积温 2400～3900℃，平均无霜期 172 天，年日照时数 2833 小时，年平均降水量 189mm，年蒸发量 1780mm，冬季积雪 12～14cm。大风集中在春季，主要风向为西北风，自然灾害以沙尘暴、干热风为主，经过连续多年的生长量、抗旱、抗寒性测定，现将初步测定试验结果总结如下，见表 2-14。

表 2-14　各品系编号及产地用途

编号	品系编号	原产地	用途
1#	81-143 比尔	美国俄亥俄州	材用
3#	Thatcher 莎切尔	美国宾夕法尼亚州	果材
5#	Mcginnis 麦克	美国内布拉斯加州	材用
6#	Hare 哈尔	美国伊利诺伊州	果材

(续)

编号	品系编号	原产地	用途
8#	Peanut 皮纳	美国俄亥俄州	果材
9#	Mintle 名特	美国俄亥俄州	果材
奇异核桃	北加州黑核桃×魁核桃	美国加利福尼亚州	用材

为便于推广应用,黑核桃树木的田间管理与其他树种一样,每年依据土壤墒情灌水 8~10 次,生长季节施用化肥 1~2 次,前期施尿素 100~150g/株,后期施磷酸二铵 200~300g/株,随树龄的增大,施肥量加大。在生长季节,待树木新梢生长 10cm 以上时,及时剪除干梢和竞争枝,保持树木有较强的顶端优势。为使新梢充分木质化,预防二次生长带来的早、晚霜危害,8 月树木停止高生长后,及时有效控水。

(一)生长物候期差异

各年度物候观测综合统计显示(表 2-15):受树种的生物学特性影响,黑核桃的生长物候期较其他树种晚,树液萌动、展叶期在 4 月中下旬,5 月上中旬进入高生长期,因夏季干热,8 月上旬停止高生长。阿克苏试点较呼图壁试点春季气温回升快,新梢生长提前10 天左右,封顶时间早一个星期左右。各品系间物候期相差不大。

表 2-15　各品系不同试点的物候观测　　　　　　　月.日

品系编号	萌动期		展叶期		高生长期		夏季封顶期	
	阿克苏	呼图壁	阿克苏	呼图壁	阿克苏	呼图壁	阿克苏	呼图壁
1#	4.19	4.18	4.30	4.27	5.4	5.12	8.3	8.10
3#	4.16	4.18	4.20	4.27	4.30	5.12	8.3	8.10
5#	4.19	4.18	4.28	4.27	5.2	5.12	8.3	8.10
6#	4.21	4.18	4.29	4.27	5.3	5.12	8.5	8.10
8#	4.20	/	4.28	/	5.2	/	8.6	/
9#	4.21	4.23	4.28	4.27	5.3	5.12	8.3	8.10
奇异核桃	4.21	4.18	4.30	4.27	5.6	5.12	8.6	8.10

表 2-16　各品系嫁接苗成活率、保存率

品系编号	2000 年成活率(%)		2001 年保存率(%)		2002 年保存率(%)		2003 年保存率(%)	
	阿克苏	呼图壁	阿克苏	呼图壁	阿克苏	呼图壁	阿克苏	呼图壁
1#	55	70	55	35	55	35	55	35
3#	90	55	90	60	80	50	80	50
5#	85	80	85	60	80	60	80	60
6#	90	60	90	20	90	20	90	20
8#	70	/	70	/	70	/	70	/
9#	100	85	100	70	100	70	100	70
奇异核桃	47	45	47	0	40	0	40	0

表 2-16 表明：各品系在阿克苏试点的成活率、保存率均比呼图壁试点高，初步表明，引进的黑核桃品系对北疆寒冷的气候环境条件适应性较差。奇异核桃在两个试点的造林成活率、保存率均为最低，反映了该品系不适应在气候干燥的地区引种栽培。各试点表现较好的品系为 9#、5#、3#，尤其是 9# 品系在阿克苏试点的保存率最高达 100%。

(二)枝条干梢情况

黑核桃自然分布在降水量 600mm 以上的地区，新疆引种栽培虽具备较好的灌溉条件，但大气干旱引起枝条水分的散失而干梢的现象较为严重。黑核桃不同种源的不同品系间，枝条干梢程度有别。现就阿克苏试点不同品系高生长的年度干梢情况进行统计分析（表 2-17）。

表 2-17　阿克苏试点名品系树高净生长干梢情况

品系编号	指　　标	2000 年	2001 年	2002 年	2003 年	平均
1#	干梢长(cm)	51.3	50.3	8.9	17.8	
	干梢率(%)	47.8	52.8	5.3	19.5	31.4
3#	干梢长(cm)	21.4	2.5	1.9	7.0	
	干梢率(%)	26.7	5.6	1.1	7.1	10.1

（续）

品系编号	指　　标	2000 年	2001 年	2002 年	2003 年	平均
5#	干梢长(cm)	29.8	20.3	10.0	0.0	
	干梢率(%)	18.6	18.2	5.5	0.0	10.6
6#	干梢长(cm)	42.5	7.5	26.3	25.8	
	干梢率(%)	32.5	16.9	17.3	49.9	29.2
8#	干梢长(cm)	56.9	2.8	32.7	49.1	
	干梢率(%)	70.5	7.3	24.0	39.5	35.3
9#	干梢长(cm)	0.0	14.8	0.0	13.2	
	干梢率(%)	0.0	6.8	0.0	7.8	3.7
奇异核桃	干梢长(cm)	26.1	17.1	72.6	91.8	
	干梢率(%)	48.9	19.6	51.3	86.4	51.6
平均	干梢率(%)	35.0	18.2	14.9	30.0	/

注：干梢率为干梢长度占当年树高生长量的百分比。

表 2-17 显示：枝条的干梢严重程度一是受各年度的气候条件影响，如 2002 年的平均干梢率只有 14.9%，而 2003 年又增加到 30.0%。二是各品系间平均干梢率差异较大，如 2003 年奇异核桃高达 51.6%，而 9# 品系仅为 3.7%。三是据多年的管理经验，夏季顶芽形成后，若不进行有效控水，二次生长枝的木质化程度差，干梢现象就表现得十分明显。因此，根据黑核桃的生物学特性，加强水肥管理是防止干梢的有效措施之一。

（三）黑核桃不同品系生长量测定

引进的黑核桃嫁接苗均为在河南洛宁县观察测定选择出的生长快、抗性强的优良品系，但不同品系的原产地不同，一次引进地（河南）的生态环境与二次引进地（新疆）也有较大区别，导致不同品系的生长量存在一定的差异。现将定植 5 年的各品系高、径生长量的平均值汇总如下，见表 2-18。

表 2-18　各品系嫁接苗历年生长量　　　　　cm

品系编号	指标		2000年 阿克苏	2001年 阿克苏	呼图壁	2002年 阿克苏	呼图壁	2003年 阿克苏	呼图壁	2004年 阿克苏
1#	胸径	D	1.076	1.492	/	2.043		4.14	2.516	6.051
		△D	/	/	/	0.551		2.097	/	1.911
	树高	H	99.1	125.1	84.0	242.9	186.0	334.0	238.1	436.0
		△H		77.3	75.8	168.1	63.0	91.1	60.3	109.8
3#	胸径	D	0.988	1.062		2.778		4.97	2.550	6.427
		△D				1.716		2.192		1.457
	树高	H	112.6	135.5	75.6	299.9	211.0	398.0	290.0	505.5
		△H		44.3	57.5	166.9	66.0	98.1	100.0	114.4
5#	胸径	D	/	1.638		2.953		4.830	2.84	6.242
		△D				1.315		1.877	/	1.412
	树高	H	115.1	157.3	90.4	318.5	178.0	412.0	279.7	453.3
		△H		72.0	82.7	181.4	80.3	93.6	68.8	108.0
6#	胸径	D		1.31		2.648		4.140	2.803	5.530
		△D				1.338		1.492		1.390
	树高	H	129.6	131.4	83.0	285.3	126.0	337.0	225.2	408.0
		△H		44.3		152.1	87.4	51.7	81.0	64.6
8#	胸径	D		1.561	/	1.917	/	4.160		5.800
		△D				0.356		2.243		1.640
	树高	H	124.7	106.1	/	239.7	/	364.0		401.6
		△H		38.3		136.4		124.3		86.7
9#	胸径	D		2.188		3.904		5.140	3.42	6.608
		△D				1.716		1.236		1.468
	树高	H	178.5	219.4	91.5	334.5	236.0	457.0	292.8	478.5
		△H		33.2	82.5	129.9	87.5	122.5	85.0	107.5
奇异核桃	胸径	D		1.371	冻死	1.882		3.880		4.840
		△D				0.511		1.998		0.960
	树高	H	53.6	115.1	166	249.5	/	327.0		360.6
		△H		87.6	166	141.5		77.5	/	125.4

表 2-18 显示：阿克苏试点的高、径生长量明显高于呼图壁试点，除管理因素外，重要的在于南疆的有效积温、光合效率高。两

个试点的生长差异表现在：各品系定植第 4 年，阿克苏试点的树高生长量变幅为 327.0～457.0cm；胸径生长量变幅为 4.830～6.608cm。而呼图壁试点树高生长量变幅 225.2～292.8cm，胸径生长量变幅 4.140～5.140cm；树高、胸径生长量较阿克苏试点分别低31.1%～35.9% 和 14.5%～22.8%。品系间的生长差异：奇异核桃最差，呼图壁试点种植第 2 年就全部冻死，阿克苏试点虽然年生长量较大，但干梢严重，导致树冠大、分枝多，难以形成其原有的高大乔木树势。1#、6#、8# 品系虽年度生长量较大，但受多种因素影响，总体生长量较低。9#、3#、5# 品系在两个试点均表现出有较大的高、径生长量，应作为重点建立嫁接种子园，繁育优良家系苗木，进行推广应用。

(四) 结　论

新疆引种发展黑核桃，在气候极端干旱的南疆和冬季寒冷的北疆均可种植，但从引进不同种源的不同优良品系嫁接苗生长适应性观测结果看，为最大限度提高土地利用率和树木生长量，进行黑核桃引种栽培时，需考虑种源及其优良品系的选择利用。

经过 5 年的试验观测表明：从引进 7 个品系在南北疆的生长、适应性综合考虑，9#、5#、3# 品系生长快、抗性好，为新疆适宜发展的优良品系，在阿克苏试点可利用当地核桃大树改接换头建立黑核桃种子园，繁殖苗木推广利用。奇异核桃不适宜在新疆推广应用，1#、6#、8# 品系需进一步驯化、观察、谨慎发展。

黑核桃主根特别发达，具有较强的耐干旱能力。在 5～7 月的生长季节，需加强水肥和树体管理，以促进黑核桃的快速生长。同时，在黑核桃夏季停止高生长后，进行有效控水，促进枝条充分木质化，防止因二次生长引起枝条的干枯现象。

根据我们多年在不同生态区引种黑核桃的生产实践认为，引进美国中北部抗寒性强的黑核桃种源的优良品系，在南北疆土层深厚肥沃、有灌溉条件的生态区域进行栽种，营造黑核桃树种的农田防护林体系以及作为城市绿化树种，具有较大的发展前景。

四、黑核桃优良品系实生苗的生长适应性

在 2000 年引进生长快、抗逆性强的 6 个优良品系嫁接苗，分别在南北疆开展了当代表型测定。采收初选出的 3 个优良品系的接穗，在阿克苏扎木台试验站以核桃大树作砧木，嫁接建立了黑核桃种子园。为了进一步验证种子园所产种子苗木表现出的生长、抗逆性优势。采收营建黑核桃种子园内 3 个优良品系的子代种子在南北疆播种育苗，开展苗期子代测定，为新疆推广应用黑核桃选择出了优良品系。

试验地分别位于南北疆的新疆林科院扎木台试验站、新疆林科院玛坪试验站。于 2003 年分别收集黑核桃种子园内 9#、3#、5# 共 3 个品系的种子，经过 120 天的层积处理催芽后，2004 年春季点播，行距 30cm、株距 10cm。分别两个试点播种育苗，南疆试点设当地核桃为对照。

(一) 不同品系的种子差异

2003 年秋季分品系采收种子，去掉外果皮后，层积处理种子前，在阴凉的房间内晾晒 10 天，然后用 1/100 天平称量种子重量，用游标卡尺测定种子的大小，经统计列表如下。

表 2-19　南疆试点 2003 年采收黑核桃种子室内拷种统计　　　cm

指标	3#	5#	9#
百 粒 种	2.168	1.285	1.568
平均长直径	4.422	3.492	4.738
平均宽直径	4.026	3.440	3.403
平均窄直径	3.166	2.727	2.825

表 2-19 显示：3 个品系的种子在百粒重、种子形状和大小方面均有较大差异，其中 3# 品系的种子最重、果形最大，其次为 9#、5#。

（二）实生苗生长量的差异

苗高生长量差异见表 2-20：不同品系间 1 年生苗高生长量表现出显著差异，其中 9# 品系苗高 43.1cm，为当地核桃苗高的（34.1cm）126.39%，相差 9.0cm。3# 和 5# 品系的苗高生长虽低于对照，但 2 年生原床苗 3 个品系的苗高生长均超过当地核桃。

表 2-20　南疆试点 1 年生黑核桃苗高方差分析结果

变因	自由度	平方和	均方	F 值	理论 F		品系	苗高	
					0.05	0.01		2004 年	2005 年
品系	4−1=3	683.3	227.8	10.9*	9.28	29.5	3#	25.1	115.0
区组	2−1=1	107.3	107.3	5.11	10.1	34.1	5#	18.6	106.0
误差	3	63.0	21.0				9#	43.1	127.2
总计	7	853.6					CK	34.1	101.0

地径生长量差异见表 2-21：不同品系间 1 年生苗地径生长量表现为极显著差异。基本呈现出与苗高生长量相同的差异秩序。但各品系地径生长量仍然低于当地核桃，这可能是黑核桃对当地环境条件的一种适应性表现。

表 2-21　南疆试点 1 年生黑核桃地径方差分析结果

变因	自由度	平方和	均方	F 值	理论 F		品系	地径	
					0.05	0.01		2004 年	2005 年
品系	4−1=3	0.91	0.303	32.6**	9.28	29.5	3#	1.07	2.50
区组	2−1=1	0.082	0.082	8.82	10.1	34.1	5#	0.66	2.13
误差	3	0.028	0.0093				9#	1.34	2.30
总计	7	1.02					CK	1.64	2.86

(三) 各品系子实生苗生长适应性表现

表 2-22　2 年生黑核桃子代测定苗生长量汇总

品系编号	北疆试点				南疆试点			
	苗高 (cm)	地径 (cm)	干梢		苗高 (cm)	地径 (cm)	干梢	
			长度 (cm)	干梢率 (%)			长度 (cm)	干梢率 (%)
3#	40.80	1.13	3.50	0.00	115.0	2.50	0.00	0.00
5#	70.00	1.57	13.30	40.00	106.40	2.13	1.35	20.00
9#	69.90	1.58	0.00	0.00	127.20	2.30	0.00	0.00
核桃	/	/	/	/	101.00	2.86	6.77	100.00

表 2-22 显示：相同品系的 2 年生黑核桃子代播种苗，在南疆试点的高、径生长量均高于北疆试点。而南疆试点各品系子代苗的高生长量又高于当地核桃苗，且几乎不存在干梢现象，但核桃的干梢率高达 100%，干梢长度平均 6.77cm。又进一步证明了黑核桃作为生态经济树种在新疆规模发展的可行性。综合评定 3 个品系子代苗的表现型优劣秩序仍为 9#>3#>5#，与当代测定结果一致。

(四) 结　论

黑核桃不同品系子代播种 1 年生苗，表现出高生长量的显著差异、地径生长量的极显著差异。2 年生苗的高生长都明显大于当地核桃，且无明显冻害(干梢)，显现出黑核桃较好的生长适应能力。

黑核桃不同品系嫁接苗和不同品系子代苗亲–子相关分析表明，黑核桃亲–子代在苗高生长量上表现出高度相关。进一步反映出所建黑核桃种子园所产种子的品质是优良的，培育的良种壮苗能够在新疆的南北疆地区推广应用。

由于本试验的时间尚短，有待进一步观测子代苗的生长适应性表现。

五、新疆黑核桃根系分布特征

根系是植物直接与土壤接触的器官，具有固定植株、吸收养分和水分、运输和贮藏营养和代谢物质等基本功能，是技术管理、接

收和发出生物信号的主要作用体，直接影响果树的生长发育。研究树体根系在土壤的分布状况是进行施肥、灌水的重要前提，摸清根系分布特征，对于栽培管理具有重要的理论和实践意义。目前，国内外对于果树根系的研究已有很多，并取得了大量的成果，对于不同果树根系的分布特征也有大量研究，但对于黑核桃根系分布特征的研究至今未见报道。以5年生黑核桃(2012年播种的1年生黑核桃苗，2013年春季定植，于2017年选取1株呈单株生长、树体健壮植株作为试验树)为研究对象，通过对黑核桃根系生物量密度、不同径级根系表面积密度和根长密度的垂直和水平分布进行定量研究，了解黑核桃根系分布情况。揭示黑核桃的根系在土壤中的分布特征，以期为黑核桃的水肥高效管理提供理论实践依据。

(一)黑核桃根系垂直分布特征

如图2-7所示，在垂直分布上，0～70cm土层是根系垂直分布的主要区域，该区域内根系生物量占垂直分布总量的85.45%。总根系生物量密度随着土层深度的增加呈现多峰曲线的趋势，0～10cm、50～60cm、100～110cm处出现了3个峰值。其中，生物量密度的最大值出现在0～10cm土层，为13.43mg/cm^3，占总量的39.53%。5年生黑核桃根系最深分布达150cm土层。

在垂直分布上，根系表面积密度随着土层深度的增加呈现多峰曲线的变化趋势，0～10cm、30～40cm、50～60cm和90～100cm处出现了4个峰值，最大值出现在0～10cm土层，为17 66mm^2/cm^3。此外，总根长密度也随着土层深度的增加呈现多峰曲线的变化趋势，0～10cm、30～40cm、90～100cm处出现了3个峰值，最大值出现在0～10cm土层，为0.34cm/cm^3。对于不同径级的根系，细根表面积密度占测定总根系的40.7%，粗根表面积密度占总根系的59.3%。与表面积密度径级构建不同，细根长度密度占测定总根系的87.1%，粗根长度密度仅占测定总根系的12.9%。

通过进一步比较和分析黑核桃不同土层的细根表面积密度与根长密度(表2-23)，二者在0～110cm土层中的累计百分比分别达到

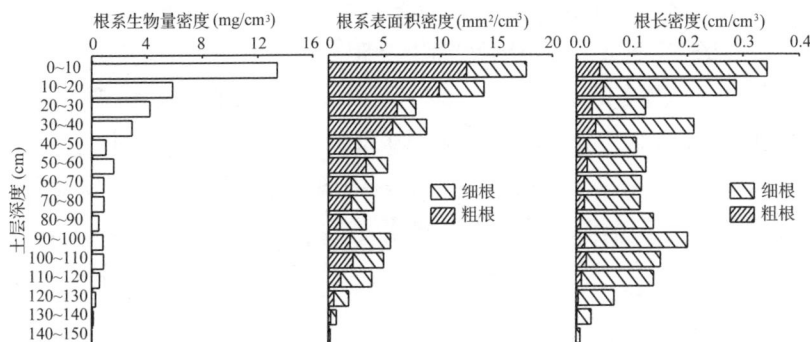

图 2-7　根系生物量密度、表面积密度和根长密度的垂直分布

86.4%和88.0%。其中，0~10cm、10~20cm 各土层中的细根表面积密度与根长密度均超过了 10.0%，分别为 15.3%、11.5%和 15.9%、12.7%。而 110~150cm 土层中的细根表面积密度与根长密度均不足 20.0%。

表 2-23　细根表面积密度与根长密度垂直分布百分比

土层深度 （cm）	细根表面积密度		细根根长密度	
	百分比 （%）	累计百分比 （%）	百分比 （%）	累计百分比 （%）
0~10	15.3	15.3	15.9	15.9
10~20	11.5	26.8	12.7	28.6
20~30	4.7	31.5	5.1	33.7
30~40	8.6	40.1	9.4	43.0
40~50	4.9	45.1	4.8	47.8
50~60	5.4	50.5	5.6	53.4
60~70	5.5	56.0	5.4	58.8
70~80	5.7	61.7	5.3	64.1
80~90	6.7	68.4	7.0	71.1
90~100	10.2	78.6	9.8	80.9
100~110	7.8	86.4	7.1	88.0
110~120	7.9	94.3	6.9	94.8
120~130	3.8	98.1	3.4	98.3
130~140	1.4	99.5	1.4	99.6
140~150	0.5	100.0	0.4	100.0

(二)黑核桃根系水平分布特征

如图 2-8 所示,在水平方向上,距离树干 0~80cm 之间是根系生物量水平分布的主要区域,该区域内根系生物量占水平分布总量的 93.98%。根系分布最高达到 120cm 以上。黑核桃根系生物量密度随着离树干距离越远而呈现"降低—升高—降低"的变化趋势。最大根系生物量密度出现在距离树干 0~20cm,总生物量密度达到 22.91mg/cm³。

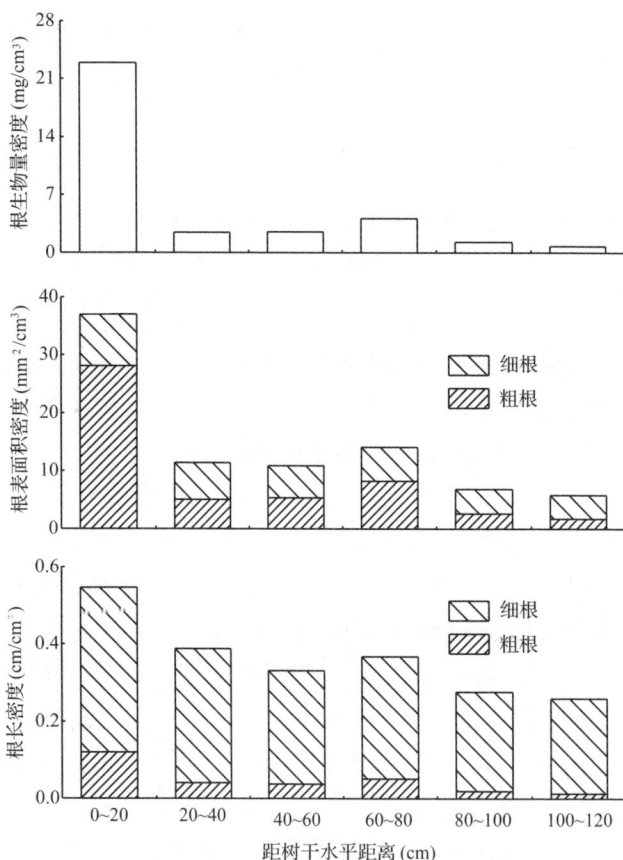

图 2-8 根系生物量密度、表面积密度和根长密度的水平分布

　　根系表面积密度和根长密度也随着距离树干距离越远总体呈现降低的变化趋势。粗根和细根的根系表面积密度最大值均出现在距树干 0~20cm 区域，分别为 28.08mg/cm^3 和 8.9mg/cm^3。其次为距树干 60~80cm、40~60cm、20~40cm 水平距离。随着离树干距离越远，根长密度的变化趋势与根系表面积密度和根系生物量密度一致，均呈现降低的变化趋势。粗根和细根的根长密度的最大值均在距离树干 0~20cm 的区域，分别为 0.12cm/cm^3 和 0.43cm/cm^3。

　　通过进一步比较距树干不同水平距离的细根表面积密度与根长密度（表 2-24），结果显示：二者在距树干 0~100cm 水平距离内的累计百分比分别达到 88.3% 和 87.0%，且各水平距离测点的细根表面积密度与根长密度均超过了 10.0%。

表 2-24　细根表面积密度与根长密度水平分布百分比

水平距离 （cm）	细根表面积密度		细根根长密度	
	百分比 （%）	累计百分比 （%）	百分比 （%）	累计百分比 （%）
0~20	25.5	25.5	22.6	22.6
20~40	18.2	43.6	18.4	41.0
40~60	15.9	59.5	15.6	56.6
60~80	16.7	76.2	16.8	73.4
80~100	12.1	88.3	13.7	87.0
100~120	11.7	100.0	13.0	100.0

（三）黑核桃细根二维分布特征

　　若将 0~150cm 土层深度、距树干水平距离 0~120cm 范围内收集到的细根表面积密度与根长密度之和视为 100%，得到不同土层深度、距树干不同水平距离细根表面积密度与根长密度所占比例的二维分布图（图 2-9）。由图可知，土层深度 0~110cm、距树干水平距离 0~100cm 范围内的细根表面积与长度分别占测定细根的 75.2% 和 75.5%，土层深度 110~150cm、距树干水平距离 0~120cm 范围内的细根表面积与长度仅占测定根系的 13.6% 和 12.0%。

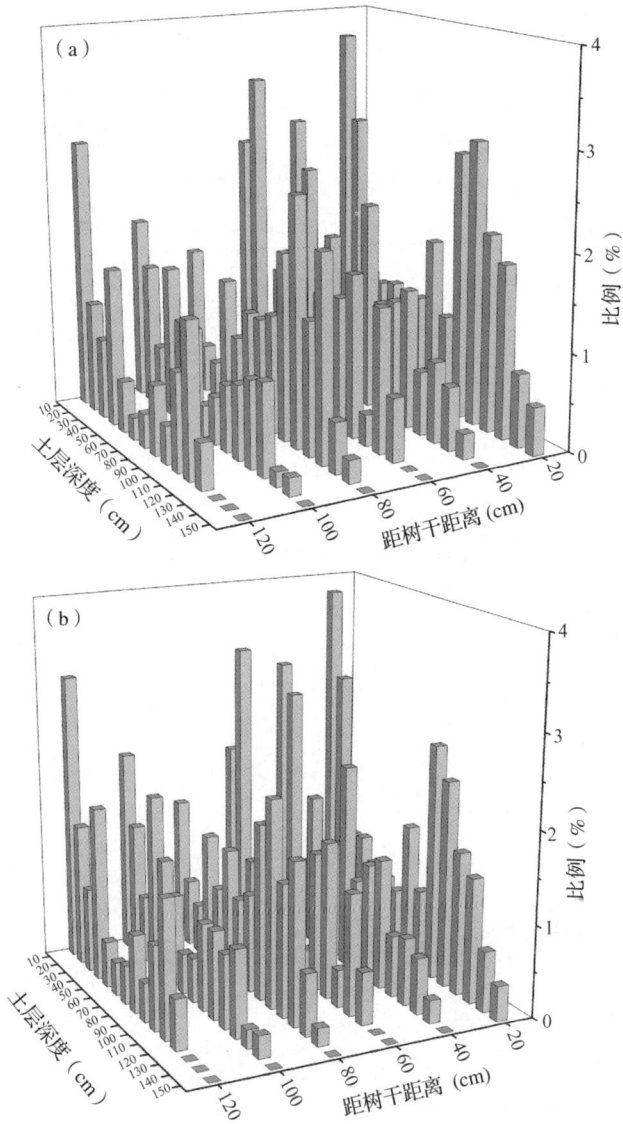

图 2-9 细根表面积密度(a)与根长密度(b)所占比例的二维分布

(四)结　论

树种不同，树龄不同，根系分布的区域也有很大差别。5 年生黑核桃根系垂直分布最深达到 150cm 土层，水平分布最高达到 120cm 以上。根系生物量密度、根系表面积密度和总根长密度在垂直和水平方向都有递减的趋势，距树干距离 0~80cm，土层深度 0~70cm 的区域是黑核桃根系分布的主要区域。在该区域内施肥灌水更有利于黑核桃的生长发育。

第三章
新疆黑核桃生长适应性

作为果材兼用、果材兼优的树种，自身具备抗寒、耐旱、抗病虫和抗盐碱等独有特性，拥有较强不同生态环境的适应能力，鉴于新疆不同立地类型，开展了黑核桃树种抗逆性研究，为促进黑核桃在新疆不同地区的推广。

第一节　新疆黑核桃与其他硬阔叶树种
生长适应性差异

为进一步表明黑核桃在新疆的适应性和潜在优势，2003年春季，在新疆准噶尔盆地南缘的"绿洲经济带"新疆林科院玛纳斯试验基地，利用新疆目前引种栽培表现较好的黄波罗、核桃楸、小叶白蜡等硬阔叶材树种与黑核桃树种的1年生苗木定植，采用统一的栽培管理措施，连续3年对各树种年生长量、抗寒(旱)性、树木十形等技术指标进行比较测定，目的是进一步验证黑核桃树种的优势，为新疆大面积推广发展优良用材树种提供理论实践依据。

试验材料(黑核桃、核桃楸、小叶白蜡和黄波罗)均来自新疆林科院玛纳斯试验基地培育的1年生实生苗木，平均高度40~60cm。各树种的相关特性见表3-1。

表3-1 不同硬阔叶材树种的特性和引种栽培情况

树种	学名	自然分布区及生物学特性	新疆引种栽培情况
黑核桃	*Juglans nigra*	主要分布在北美洲的东北部，可适宜在降水量600~1778mm、生长季140~280天的区域正常生长 落叶乔木，高达40m以上，喜光、耐旱、耐寒(可耐-43℃的低温)，但怕早、晚霜的危害。在pH值4.6~8.2的土壤中均能生长	1991年开始引种栽培，覆盖新疆南北疆的15个县(市)，生长适应性良好
核桃楸	*Juglans mandshurica*	主要分布在我国东北小兴安岭和长白山海拔500~800m间，华北亦有少量分布 落叶乔木，高达25m，喜光、深根性树种，不耐阴，可耐-40℃严寒	20世纪60~70年代引种，现主要在准噶尔盆地南缘绿洲带栽种，多用于城市绿化，规模种植面积较小
小叶白蜡	*Fraxinus sogdiana*	分布于新疆天山西部伊犁地区，生于海拔400~700m的平原谷地中。俄罗斯也有分布 落叶乔木，高达25m，喜光、抗寒、耐旱、耐盐碱，不耐遮阴	新疆本地乡土树种，现主要用于城市绿化，在南北疆广泛种植
黄波罗	*Phellodendron amurense*	主要分布在东北小兴安岭南坡、长白山区和华北燕山山地的北部，海拔300~1500m 落叶乔木，高达22m，胸径1m。喜光、深根性树种，自然整枝良好，较耐寒	自1956年以来，在乌鲁木齐、玛纳斯、石河子等地引种，仅为零星栽种，尚未大面积推广

2003年4月23日，选择立地条件基本一致、灌水方便的地块，将黑核桃、核桃楸、小叶白蜡和黄波罗等4个树种的1年生苗木，按1m×1m的株行距，分别定植在试验地中。连续3年(2003—2005年)对2年生、3年生、4年生的不同幼龄树种进行生长量测定和物候观测，主要调查高、径生长量(钢卷尺或皮尺测量全树高；游标卡尺测量地、胸径)，每次观测时均对参试树种的适应性、抗逆性作全面观测。

一、物候观测

生长物候期反映了一个树种对生态环境的适应性，直接影响树

木的生长量和抗寒性能。2003—2005 年，我们对 4 个硬阔叶材树种生长季节的各物候期进行了系统观测，调查统计见表 3-2。

表 3-2　4 个硬阔叶材树种物候观测汇总　　　月.日

树种	萌动	见绿	展叶	抽梢	封顶	叶落
黑核桃	4.15~4.27	4.19~5.4	4.23~5.4	4.27~5.5	8.5~8.10	10.20
核桃楸	4.15~4.27	4.19~5.4	4.23~5.4	4.27~5.5	8.5~8.10	10.15
小叶白蜡	4.10~4.22	4.14~4.30	4.18~4.30	4.22~5.1	7.30~8.5	10.15
黄波罗	4.5			4.10		10.10

表 3-2 显示：受树种的生物学特性影响，4 个硬阔叶材树种在此生态条件下，生长物候期表现出差异。

黑核桃树木的萌动、展叶期在 4 月中下旬，随着日平均气温的上升(稳定在 10℃以上)，5 月初进入高生长期，8 月上旬停止生长。据观察，该树种停止高生长后，在秋季凉爽环境下，会出现二次生长现象。为减免早、晚霜危害，防止新梢的二次生长，进行有效控水尤为重要。该树种萌动期较小叶白蜡、黄波罗树种晚，受晚霜的危害性影响较小。核桃楸树木的生长物候期与黑核桃基本一致。黄波罗树木在 4 月 5 日前后开始萌动，但 4 月 10 日左右就很快进入新梢生长阶段，较其他 3 个树种提前半个月左右，而 10 月 10 日又提早落叶；相比之下，该树种较其他树种发芽早、秋季落叶也早。小叶白蜡树木的物候期介于黑核桃、核桃楸、黄波罗之间。总之，4 个树种均能在此环境下正常生长，并表现出对该立地条件的适应性。

二、生长量测定

黑核桃、核桃楸、小叶白蜡和黄波罗等 4 个树种均为硬阔叶材树种，但从根系发育特点看，黑核桃树种的深根性表现最为明显。资料显示：黑核桃 1 年生幼树的主根可达 1.3m 以上，若土层深厚，3 年生主根长可达 3m 以上。

表 3-3 可看出：黑核桃定植当年缓苗现象明显，表现为生长量最小，当年高生长为 11.6cm，仅为黄波罗的 33.82%、小叶白蜡的 13.23% 和核桃楸的 95.87%；但经过 1 年的缓苗后，第 2 年当年高生长量达 1.2m，明显高于核桃楸，即进入速生阶段；第 3 年当年高生长量仍达 92cm，超过黄波罗和小叶白蜡。而黄波罗和小叶白蜡树种，定植当年高生长量很大，但新梢的木质化程度低，越冬后干梢现象严重。尤其是小叶白蜡 1 年生定植幼树，越冬后地上部分基本全部干梢，为了培育干形好的树木，于翌年春季在离地面 10cm 处平茬，故 2004 年的当年高生长量较大。

胸径生长量对树木的材积生长量有较大影响，定植 3 年后，黑核桃胸径生长量明显大于其他 3 个树种。表 3-3 显示：黑核桃胸径生长量分别是核桃楸的 141.9%、黄波罗的 123.8% 和小叶白蜡的 165.3%。

从树木的高、径生长量综合分析，黑核桃的生长量均大于其他 3 个树种。

表 3-3　4 个树种各年度生长量汇总　　　　　　　　　　cm

树种	2003 年生长量			2004 年生长量			2005 年生长量		
	树高	当年高	地径	树高	当年高	地径	树高	当年高	胸径
黑核桃	35.7	11.6	1.523	153.3	120.7	3.560	247.0	92.0	2.81
核桃楸	21.1	12.1	1.029	54.1	34.9	2.202	159.6	98.6	1.98
小叶白蜡	104.4	87.7	1.500	169.1	169.1	2.550	244.0	72.8	1.70
黄波罗	73.4	34.3	1.600	210.4	149.3	3.078	282.0	70.3	2.27

三、抗寒性比较

据资料显示：黄波罗 1~2 年生幼树抗寒能力差，7 年生以上的大树抗寒力较强，在极端最低温 -36℃ 时无冻害。表 3-4 显示：黄波罗幼树在定植第 2 年干梢现象较严重，高达 20~50cm；定植第 3 年，干梢率仍达 40%，顶芽冻害率高达 66.5%，为 4 种阔叶树中干梢率和顶芽冻害率最高的树种。

表3-4 各年度干梢情况调查汇总 cm

树种	2003年秋季 干梢长	2004年春季 干梢长	2005年春季调查		
			干梢长	干梢率(%)	顶芽冻害率(%)
黑核桃	7.0	3.0	2.5	20.0	16.5
核桃楸	7.3	3.5	3.0	10.0	22.0
小叶白蜡	0	5.0~150.0	2.6	20.0	32.5
黄波罗	10.5	20.0~50.0	1.65	40.0	66.5

小叶白蜡定植当年无干梢现象，但越冬后第2年(2004年)春季距地面5.0cm以上基本全部枯死，以平茬方式促进当年生长，第3年春季调查顶芽冻害率仍为32.5%，高于黑核桃和核桃楸。

通过对黑核桃树种各年越冬性调查发现：随着黑核桃树龄的增加，干梢逐渐减弱，在定植第3年顶芽的冻害率为16.5%，与其他树种相比，顶芽冻害率最轻，说明黑核桃的抗寒性明显优于黄波罗、小叶白蜡和核桃楸等树种，而且即使有顶芽受冻、抽梢危害，但其下方侧芽仍有极强的生长优势，不影响树干的正常发育和木材品质。

核桃楸的越冬性能较好，其干梢长度、干梢率及顶芽冻害率比小叶白蜡、黄波罗小，但仍比黑核桃大。各树种越冬性能比较顺序如下：黑核桃>核桃楸>小叶白蜡>黄波罗。

四、抗旱性比较

观察表明：黑核桃、小叶白蜡、核桃楸3个树种的苗期适应性均较强，能适应试验点夏季持续10天左右35℃以上的高温与37~38℃极端最高温度，安全越夏。

但黄波罗树种在如此干旱条件下会受到影响，外观上表现为生长速度减慢，严重干旱时，组织内部代谢受到强烈干扰、组织的死亡，以及组织不同部分收缩程度的不等，会产生出一些明显的症状，多表现为整个夏季生长季节叶缘发黄、干枯现象较为明显，由

此说明该树种抗旱能力也是比较弱的。

五、树　形

黑核桃的顶端优势明显，表现为主干直立性强、生长势旺、侧枝较细，自然整枝能力强，但分枝角度（45°~60°）较大，分枝数（0~5个）较少，利于通风透光和提高叶片的光合效率。此外，树形美观，叶大荫浓且具微香，入秋黄果累累，观赏价值较高。因此，该树种无论作为西北干旱地区的防护用材树种，还是作为城市绿化树种，都是值得推广的生态造林、果材兼用树种。

小叶白蜡生长较快，树形美观，干形较直，分枝角度（30°）小，分枝数2~5个，材质坚硬，结构细致，是新疆平原地区重要的用材树种。但不耐遮阴，并有二次生长现象，若管理不当，干梢较严重。

黄波罗树冠稀疏，自然整枝良好，分枝数为5~10个，分枝角度30°~45°，春季发芽早，秋季落叶也早，抗寒力较强，耐干旱能力较差。据试验观察：该树种的顶端优势不强，在顶芽受制后，一般多分生2个以上长势均等的枝条，若不及时修剪，树体的干形将受到直接影响。

核桃楸材质优良，是我国东北地区珍贵用材树种之一，其抗寒性强，树形优美，具有和黑核桃相似的优点，但幼树期的生长量较黑核桃小。

六、结果与讨论

（1）黑核桃与新疆平原区引种栽培多年的小叶白蜡、黄波罗和核桃楸等硬阔叶材树种比较，从定植前3年的高、径生长量看：高生长大于核桃楸、小叶白蜡，胸径生长量最大。越冬抗寒性、越夏抗旱性均优于其他树种，进一步证明，黑核桃在4个对比的硬阔叶材树种中，表现出较为明显的潜在发展优势。

（2）黄波罗的高生长量虽比黑核桃大，但其抗逆性较差，幼树

期的干梢率、顶芽冻害率严重，且夏季炎热季节表现出叶缘发黄、干枯，耐旱性较差。此外，该树种顶端优势不强，表现为顶芽受制后，主干的竞争枝较多，直接影响树体的干形。

(3)核桃楸虽抗逆性强，但生长速度中庸，比同龄黑核桃生长慢。

(4)小叶白蜡树体高大，干形好，树干通直，但胸径生长速度较慢，幼树期抗寒性能比黑核桃差。

第二节 不同黑核桃种幼苗耐盐性差异

以小果黑核桃、北加州黑核桃、美国东部黑核桃和魁核桃 1 年生实生苗为试材，研究盐胁迫后幼苗的生长形态指标、光合作用参数和生理生化指标的变化规律，使用综合分析方法明确 4 种幼苗耐盐能力的大小，以期为新疆核桃耐盐砧木品种的选择奠定理论基础。

一、材料与方法

(一)试验材料

试验材料为新疆佳木果树学国家长期科研基地培育的 1 年生小果黑核桃、北加州黑核桃、美国东部黑核桃和魁核桃(表 3-5)。栽植于塑料营养钵(盆高 36cm，上口径 34.5cm、下口径为 26.5cm，底部带孔)中，每盆 1 株幼苗，盆内栽培基质为该科研基地大田土壤(pH 值为 8.2，碱解氮含量为 15.24ug/g，速效磷含量为 76.14mg/kg，速效钾含量为 71.22mg/kg)，每盆土壤装 20kg，在温室内进行培养。

表 3-5 材料来源

材料名称	采集地	编码
小果黑核桃		H1
北加州黑核桃	新疆佳木果树学国家长期科研基地	H2
东部黑核桃		H3
魁核桃		H4

(二)试验方法

于 2021 年 5 月进行预试验，设置 6 个盐处理水平：0%、0.2%、0.4%、0.6%、0.8%、1.0%。预试验得出，胁迫至 40 天时，0.2%NaCl 浓度处理下，植物叶片表型症状无明显变化，在 0.8%NaCl 浓度处理下，多数植物叶片整株枯萎掉落甚至死亡。根据预试验中核桃幼苗生长形态表现，确定正式试验采用 5 个盐浓度梯度。

2021 年 7 月，待幼苗长至 5~7 个功能叶片时，选择长势一致，健壮无病虫害，株高 15cm 左右的 11 种核桃种质幼苗，进行不同浓度的盐胁迫试验。试验设置 NaCl 浓度为 0.2%、0.4%、0.6%、0.8%，以及对照(CK)加等量的清水，共计 5 个处理模拟不同盐浓度胁迫。各处理采用单因素完全随机区组设计，各处理中每个试验材料均设置 3 个重复，每个重复 3 盆，每个处理 36 盆，共计 180 盆。采用温室控温的方式保证试验过程中植物生长温度基本稳定。在盐处理前，进行控水，以确保处理的盐溶液可在同等干燥基质中均匀扩散。通过多次施盐，逐级递增，从高浓度处理开始添加，即对 0.4%、0.6% 和 0.8% 这 3 种盐浓度，以 0.2% 浓度 NaCl 溶液为基础，每日升高 0.2% 浓度的方式递增浇灌，分次或一次将 5L 盐溶液一次灌入，在试验开始时各处理达到预定试验浓度。处理时，将盆放置于逆境监测仪的密封托盘中，称得每盆处理浓度下的花盆质量并记录，每隔 5 天称重补水，渗透水分及时返还花盆中。

(三)指标测定

形态指标观察：胁迫开始时，每天观察 4 种黑核桃幼苗各处理下的幼苗生长和盐害胁迫状况，并拍照记录。

生物量的测定：盐胁迫试验结束时，对4种黑核桃幼苗每个处理各选3株进行整株取样，带回实验室洗净并分为地上和地下部分，测定地上鲜重、地下鲜重；于105℃烘箱杀青30分钟后，在80℃烘箱中烘干至恒质量。用0.01g精度天平测定其地上干重、地下干重。每个处理重复3次。

(四)日蒸散量的测定

使用以色列产Plantarray 3.0逆境监测仪(图3-1)，该仪器称重传感器校准后，将核桃属11种种质幼苗整株带花盆置于该仪器称重传感器上，光照强度约为$1000\mu mol/(m^2 \cdot s)$。使用Plantarray 3.0逆境监测仪对盆栽苗实时监测和数据分析。每隔3分钟测定一次盆栽重量，并根据两个数据点之间的重量差计算出每日植物蒸腾，每个处理测量重复10次(图3-1)。

$$日蒸腾量(PDT) = W_m - W_e \qquad (3-1)$$

式中：W_m为每天黎明前负荷传感器称重重量；W_e为每天晚上负荷传感器称重重量。

图3-1 Plantarray 3.0逆境监测仪

(五)光合特性指标测定

盐胁迫试验期间，选择晴朗无云的天气，采用由美国Li-COR

公司生产 Li-6400 系列便携式光合测定仪，在 8:00~11:00 测定盐胁迫下各处理植株的光合基本参数。各处理重复 3 次，选取叶面大小较一致的相邻 3 枚叶片，进行定株定叶测定，包括净光合速率（Pn）、气孔导度（Cond）、蒸腾速率（Tr）、胞间 CO_2 浓度（Ci）等指标。盐胁迫期间每 10 天测量 1 次，至胁迫处理结束时测量 4 次。

（六）叶绿素含量测定

盐胁迫试验，选择晴朗无云的天气，采用 CI-710S 植物光谱仪，各处理重复 3 次，选取叶面大小较一致的 3 枚叶片，避开叶片中脉进行定株定叶测定，每个叶片测定 3 次，求其平均值作为 1 个重复的测定值，盐胁迫期间在 8:00~11:00 每 10 天测量 1 次植株叶绿素含量，至胁迫处理结束时测量 4 次。

（七）生理特性指标测定

盐胁迫试验结束后，将 4 种黑核桃幼苗的不同盐浓度处理选取 3~4 株根系，用蒸馏水洗净擦干水后剪碎、混合均匀后，进行丙二醛、脯氨酸、抗氧化酶活性、可溶性糖含量和根系 Na^+ 和 Cl^- 测定。采用主成分分析和隶属函数耐盐性综合评价。

二、结果与分析

（一）盐胁迫对 4 种黑核桃幼苗生长及日蒸散量的影响

1. 盐胁迫处理对 4 种黑核桃幼苗形态特征的影响

对 4 种黑核桃幼苗在不同盐浓度处理下的叶片以及整株的表型特性，进行定期观察记录，得出 4 种黑核桃幼苗的形态特征变化情况。由图 3-2 可看出，盐胁迫 40 天后，在 0.2% 盐浓度时，4 种黑核桃幼苗叶片舒展、浓绿，植株整体长势良好，与对照差异不明显。在 0.4% 盐浓度时，部分幼苗叶尖有开始发黄、干枯等现象，但总体长势较好。而随着盐浓度增加，幼叶外部形态反应更加强烈，在 0.6%NaCl 浓度下，北加州黑核桃（H2）、美国东部黑核桃（H3）和魁核桃（H4）这 3 种幼苗的外部形态均出现叶片枯黄且大量掉落的现象，小果黑核桃（H1）叶缘部分出现焦黑现象。在 0.8%

NaCl 浓度下，4 种黑核桃幼苗叶片均出现脱落、整株枯黄的症状。

图 3-2　盐胁迫下各处理幼苗地上部形态特征

2. 盐胁迫处理对 4 种黑核桃幼苗生长的影响

如图 3-3 所示，随着浓度的增加，4 种黑核桃幼苗地上部分鲜重和干重总体呈先增后降的趋势，且 4 种黑核桃幼苗地下部分明显大于地上部分。在 0.2%NaCl 浓度时，小果黑核桃和美国东部黑核桃幼苗的地上鲜重无显著差异，但均高于其他幼苗，较对照分别增

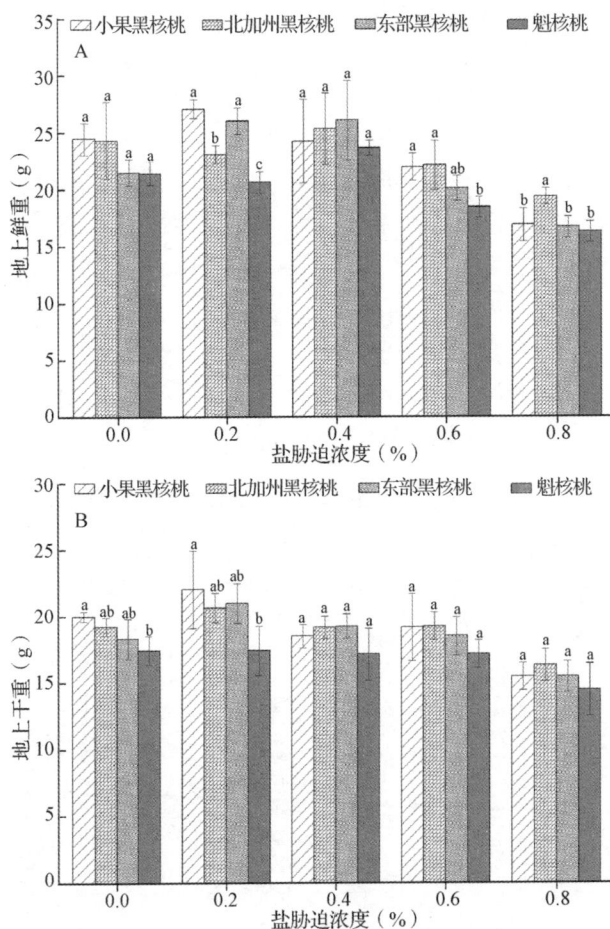

图 3-3　盐胁迫对各处理幼苗生长的影响

加了 11%、21%，小果黑核桃幼苗地上干重最大，较对照增加了 10%，美国东部黑核桃幼苗地下鲜重最大，较对照分别增加了 42%、美国东部黑核桃和魁核桃幼苗地下干重最大，较对照增加了 41%、27%。在 0.4%NaCl 浓度时，4 种黑核桃幼苗的地上地下鲜重和干重均无显著差异。在 0.6%NaCl 浓度时，小果黑核桃和北加州黑核桃幼苗地上鲜重最大，较对照分别降低了 10%、9%，且二

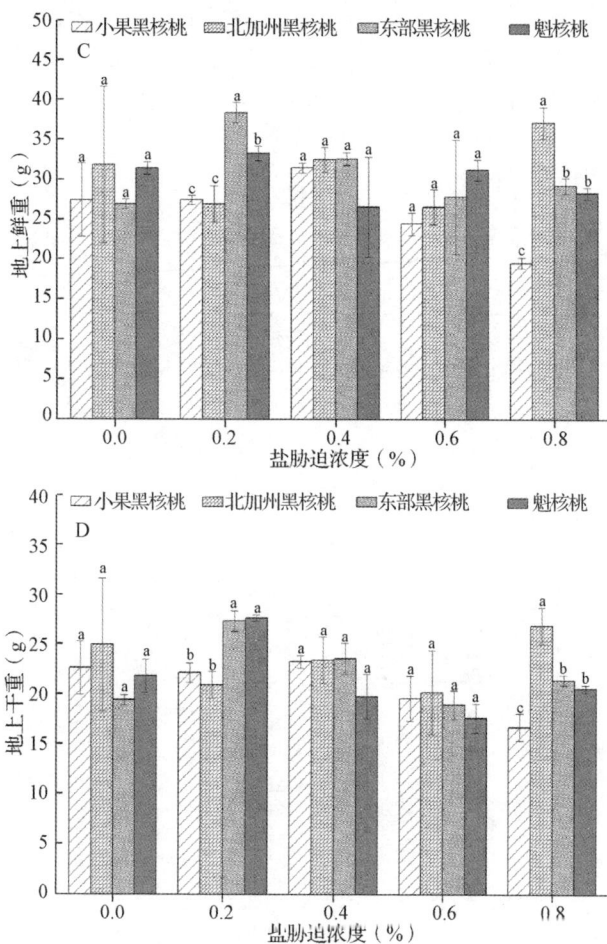

图 3-3　盐胁迫对各处理幼苗生长的影响(续)

者无显著差异，4 种黑核桃幼苗的地上干重、地下鲜重和干重均无显著差异。在 0.8% NaCl 浓度时，北加州黑核桃幼苗地上鲜重最大，较对照降低了 20%，其余 3 种黑核桃幼苗无显著差异；4 种黑核桃幼苗地上干重无显著差异，北加州黑核桃幼苗地下鲜重和干重均最大，较对照分别增加了 17%、8%。

3. 盐胁迫处理对 4 种黑核桃幼苗日蒸散量的影响

植物的蒸腾是植物失水的一个重要因素，能够反映出植物蒸发耗水的强弱。图 3-4 反映出在不同浓度盐胁迫下，4 种黑核桃幼苗的日蒸散量的变化情况。随着胁迫时间延长和浓度的增加，4 种黑核桃幼苗的日蒸散量总体呈先增长后降低的趋势。在盐胁迫 10 天时，不同 NaCl 浓度下 4 种黑核桃幼苗日蒸散量变化总体平稳。在盐胁迫 20 天时，在 0.2%NaCl 浓度时，随着 NaCl 浓度的升高，不同幼苗间的日蒸散量变化幅度有明显差异，小果黑核桃幼苗的日蒸散量在各 NaCl 浓度下均高于其余 3 种幼苗的日蒸散量，随后在 0.4%NaCl 浓度时，日蒸散量开始下降。在盐胁迫 30 天时，美国东部黑核桃幼苗的日蒸散量在各 NaCl 浓度下较为平稳，呈缓慢下降；而其余 3 种黑核桃幼苗的日蒸散量随着盐浓度的增加降幅较大。在盐胁迫 40 天时，4 种黑核桃幼苗的日蒸散量均大幅降低，在 0.6% NaCl 浓度时，北加州黑核桃、美国东部黑核桃和魁核桃幼苗受到盐胁迫后日蒸散量降至最低，当 0.8%NaCl 浓度时，这 3 种幼苗在高盐浓度下植株出现死亡。

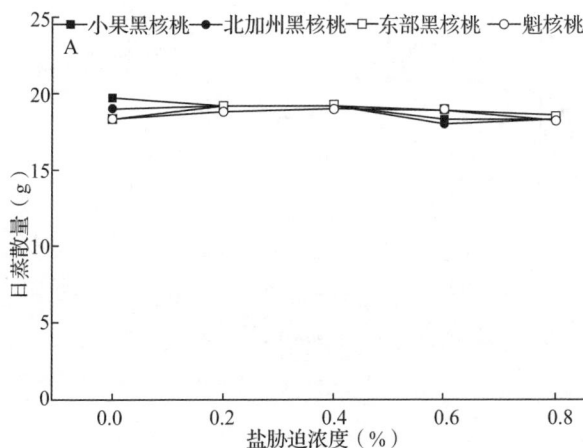

图 3-4　盐胁迫对 4 种黑核桃幼苗日蒸散量的影响

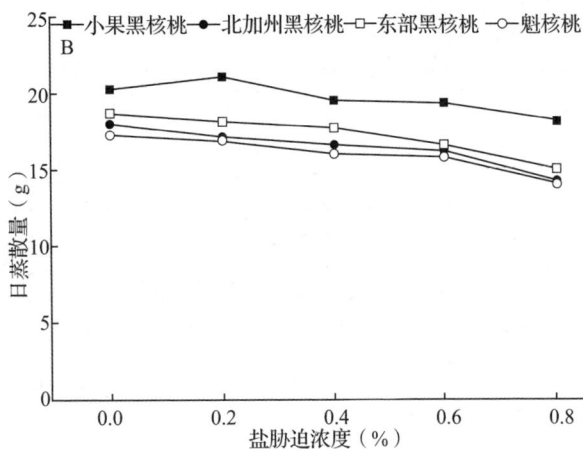

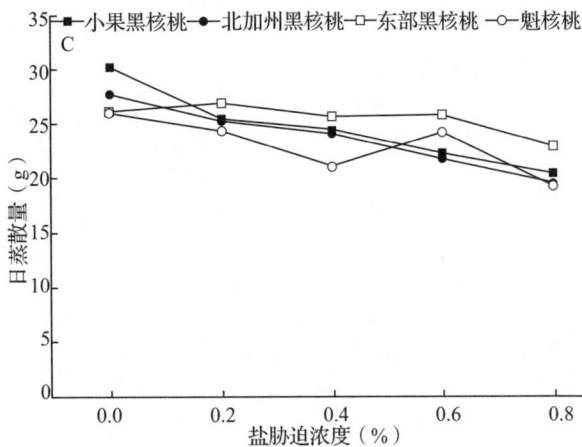

图 3-4　盐胁迫对 4 种黑核桃幼苗日蒸散量的影响（续）

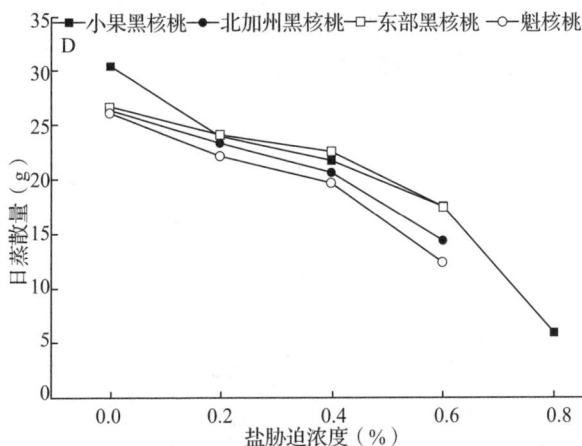

图 3-4　盐胁迫对 4 种黑核桃幼苗日蒸散量的影响（续）

注：图 A 为盐胁迫 10 天；图 B 为盐胁迫 20 天；图 C 为盐胁迫 30 天；图 D 为盐胁迫 40 天。

（二）盐胁迫对 4 种黑核桃幼苗光合特性的影响

1. 盐胁迫处理对 4 种黑核桃幼苗净光合速率（Pn）的影响

如图 3-5 所示，在盐胁迫下，核桃属 11 种种质幼苗的 Pn 值随着胁迫浓度的增加和时间延长，总体均表现为逐渐下降的趋势。盐胁迫 10 天时，0.6%NaCl 浓度及以下时，4 种黑核桃幼苗的 Pn 值无显著差异；在 0.8%NaCl 浓度时，小果黑核桃和美国东部黑核桃幼苗的 Pn 值最大，较对照均降低了 8%，且二者间无显著差异。盐胁迫 20 天时，随着盐浓度的增加，4 种黑核桃幼苗的 Pn 值降幅较缓。各盐浓度处理下，美国东部黑核桃幼苗的 Pn 值均最大，较对照分别降低了 9%、17%、23%、27%。盐胁迫 30 天时，各 NaCl 浓度下 4 种黑核桃幼苗的 Pn 值均较对照有明显降低，在 0.2%NaCl 浓度时，较对照大幅下降后，在 0.4%NaCl 浓度缓慢下降；在 0.6%NaCl 浓度时，较对照大幅下降后随着盐浓度增加叶绿素含量缓慢下降。同一 NaCl 浓度下，4 种黑核桃幼苗间 Pn 值无显著差异。盐胁迫 40 天时，在 0.2%NaCl 浓度处理下，小果黑核桃和美国东部黑核桃幼苗的 Pn 值最大，较对照分别降低了 22%、20%，且二者间无显著差异；在

0.4%和0.6%NaCl浓度时，4种黑核桃幼苗 Pn 值随着 NaCl 浓度增加较对照大幅降低，且4种黑核桃幼苗 Pn 值无显著差异。在0.8%NaCl浓度处理下，小果黑核桃幼苗 Pn 值降至最低，其余3种幼苗死亡。

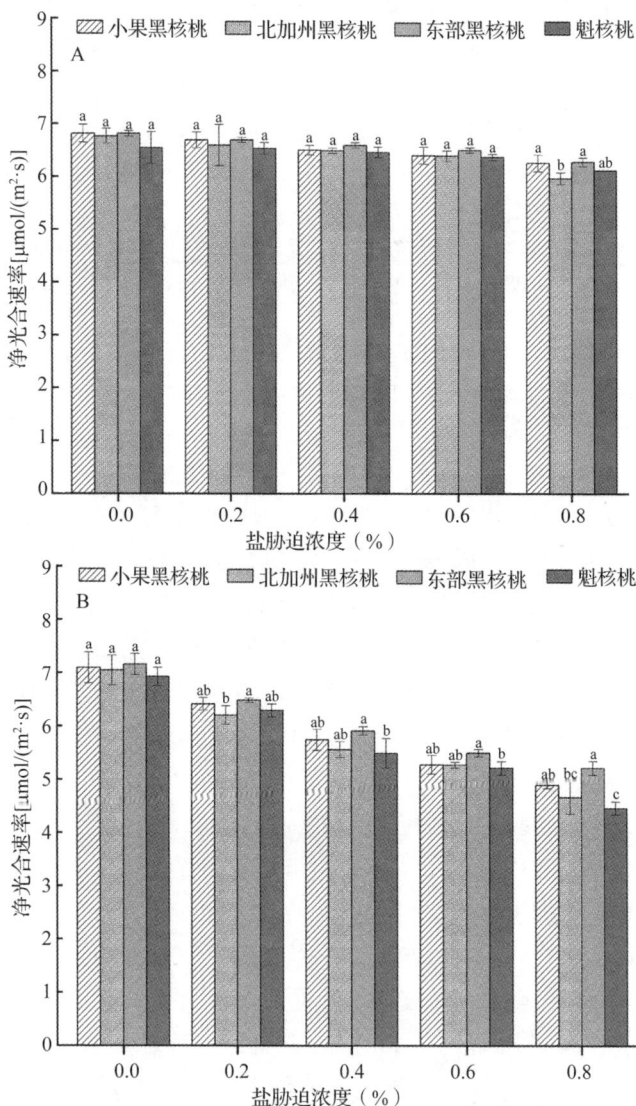

图 3-5 不同盐胁迫处理对 4 种黑核桃幼苗净光合速率(Pn) 的影响

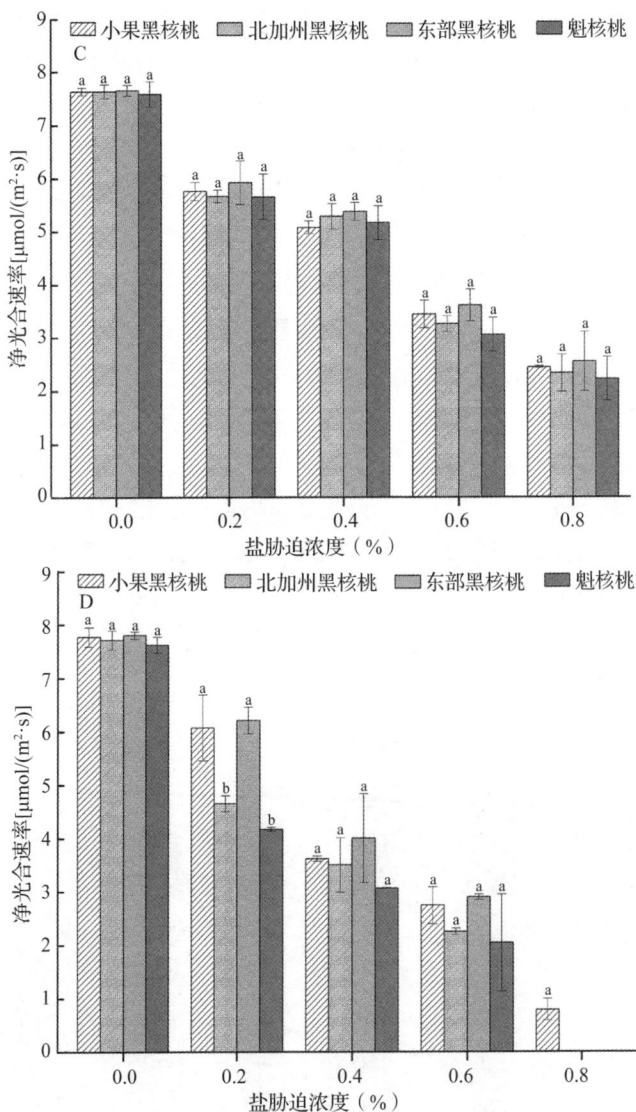

图 3-5　不同盐胁迫处理对 4 种黑核桃幼苗净光合速率（Pn）的影响（续）

注：图 A 为盐胁迫 10 天；图 B 为盐胁迫 20 天；图 C 为盐胁迫 30 天；图 D 为盐胁迫 40 天。

2. 盐胁迫处理对4种黑核桃幼苗气孔导度(Cond)的影响

如图 3-6 所示，在盐胁迫下，4 种黑核桃幼苗的 Cond 值随着胁迫浓度的增加和时间延长，总体均表现为逐渐下降的趋势。盐胁迫10 天时，0.6%NaCl 浓度及以下时，4 种黑核桃幼苗的 Cond 值无显著差异；在 0.8%NaCl 浓度时，美国东部黑核桃幼苗 Cond 值最大，较对照降低了 21%。盐胁迫 20 天时，0.6%NaCl 浓度及以下时，4 种黑核桃幼苗的 Cond 值无显著差异；在 0.8%NaCl 浓度时，美国东部黑核桃幼苗 Cond 值最大，较对照降低了 31%，Cond 值最小的是魁核桃幼苗，较对照降低了 30%。盐胁迫 30 天时，0.4%NaCl 浓度及以下时，4 种黑核桃幼苗的 Cond 值无显著差异；0.6%NaCl 浓度时，美国东部黑核桃幼苗 Cond 值最大，较对照降低了 52%；在0.8%NaCl 浓度时，北加州黑核桃幼苗的 Cond 值最大，较对照降低了 57%。盐胁迫 40 天时，0.2%NaCl 浓度时，4 种黑核桃幼苗的Cond 值无显著差异；0.4%NaCl 浓度时，魁核桃幼苗 Cond 值最小，

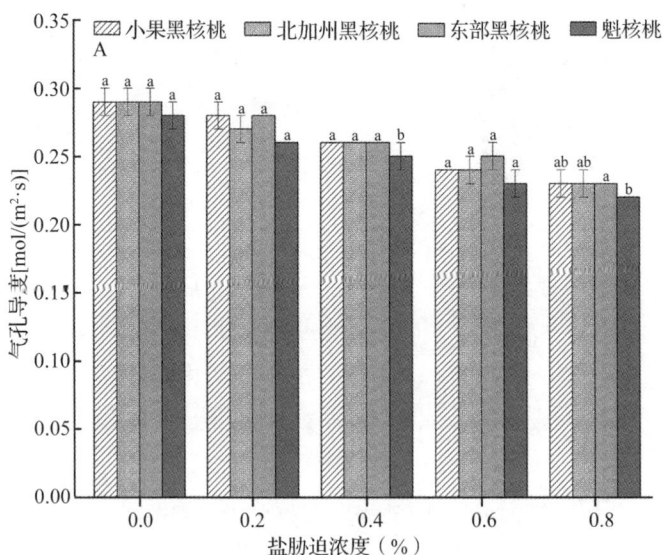

图 3-6　不同盐胁迫处理对 4 种黑核桃幼苗气孔导度(Cond)的影响

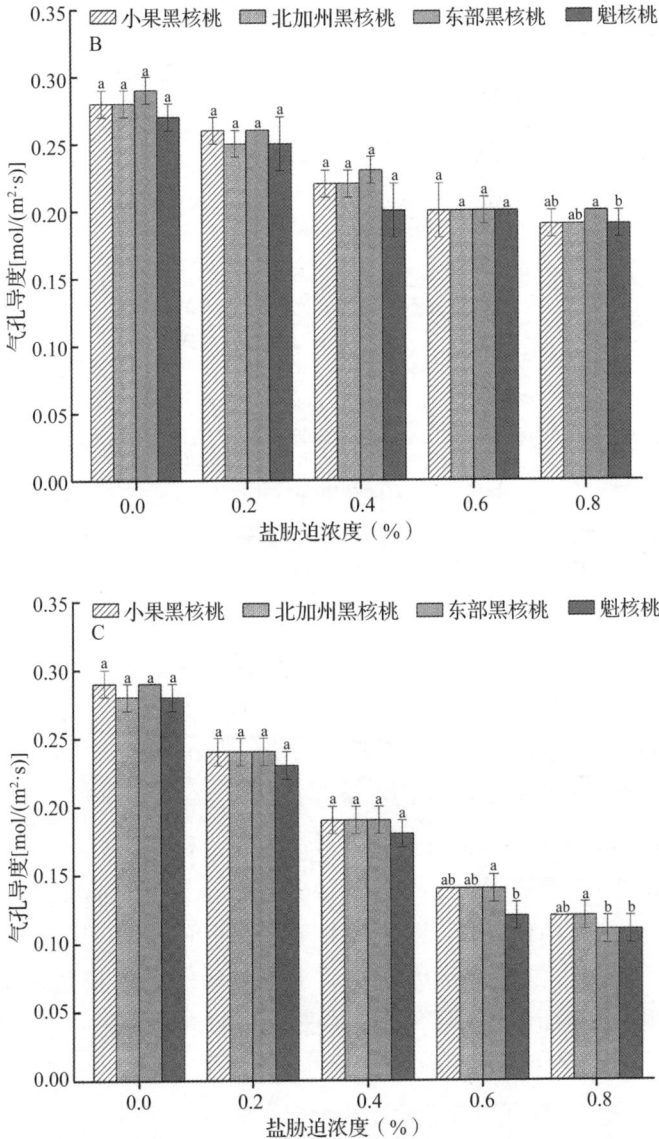

图3-6 不同盐胁迫处理对4种黑核桃幼苗气孔导度(Cond)的影响(续)

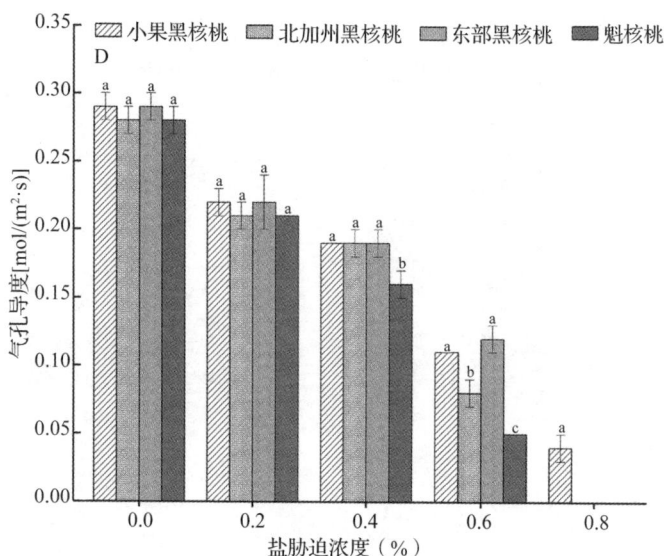

图 3-6   不同盐胁迫处理对 4 种黑核桃幼苗气孔导度(Cond) 的影响(续)

注: 图 A 为盐胁迫 10 天; 图 B 为盐胁迫 20 天; 图 C 为盐胁迫 30 天;
图 D 为盐胁迫 40 天。

较对照降低了 43%, 其余 3 种幼苗无显著差异; 在 0.6% NaCl 浓度
时, 小果黑核桃和美国东部黑核桃幼苗 Cond 值最大, 较对照分别
降低了 62%、59%, 且二者无显著差异; 在 0.8% NaCl 浓度时, 小
果黑核桃幼苗低至 $0.04 mmol/(m^2 \cdot s)$。

3. 盐胁迫处理对 4 种黑核桃幼苗蒸腾速率(Tr) 的影响

如图 3-7 所示, 在盐胁迫下, 4 种黑核桃幼苗的 Tr 值随着胁迫
浓度的增加和时间延长, 总体均表现为逐渐下降的趋势。盐胁迫 10
天时, 0.4% NaCl 浓度及以下时, 4 种黑核桃幼苗的 Tr 值无显著差
异; 在 0.6% NaCl 浓度时, 美国东部黑核桃幼苗 Tr 值最大, 较对照
降低了 9%; 在 0.8% 浓度时, 4 种黑核桃幼苗 Tr 值无显著差异。盐
胁迫 20 天时, 除了 0.4% NaCl 浓度时, 魁核桃幼苗 Tr 值最低, 较
对照降低了 11%, 其余 3 种幼苗 Tr 值无显著差异外, 其余 3 个
NaCl 浓度处理下, 4 种黑核桃幼苗的 Tr 值均无显著差异。盐胁迫

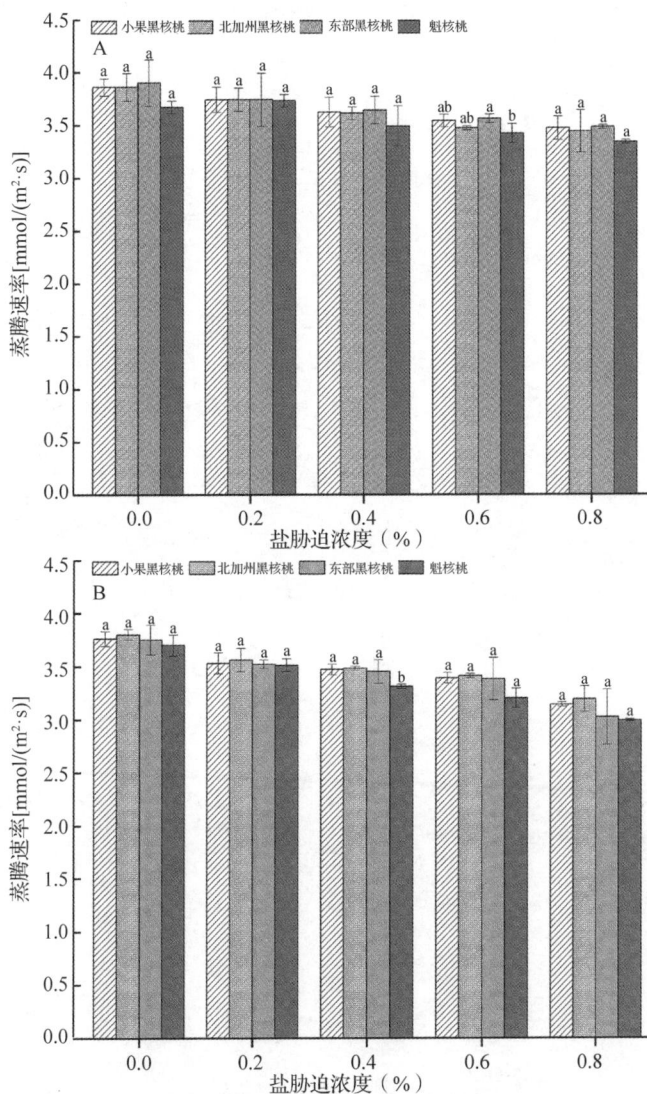

图 3-7　不同盐胁迫处理对 4 种黑核桃幼苗蒸腾速率 (Tr) 的影响

30 天时，0.6%NaCl 浓度及以下时，4 种黑核桃幼苗的 Tr 值无显著差异；在 0.8%NaCl 浓度时，美国东部黑核桃幼苗 Tr 值最大，较对

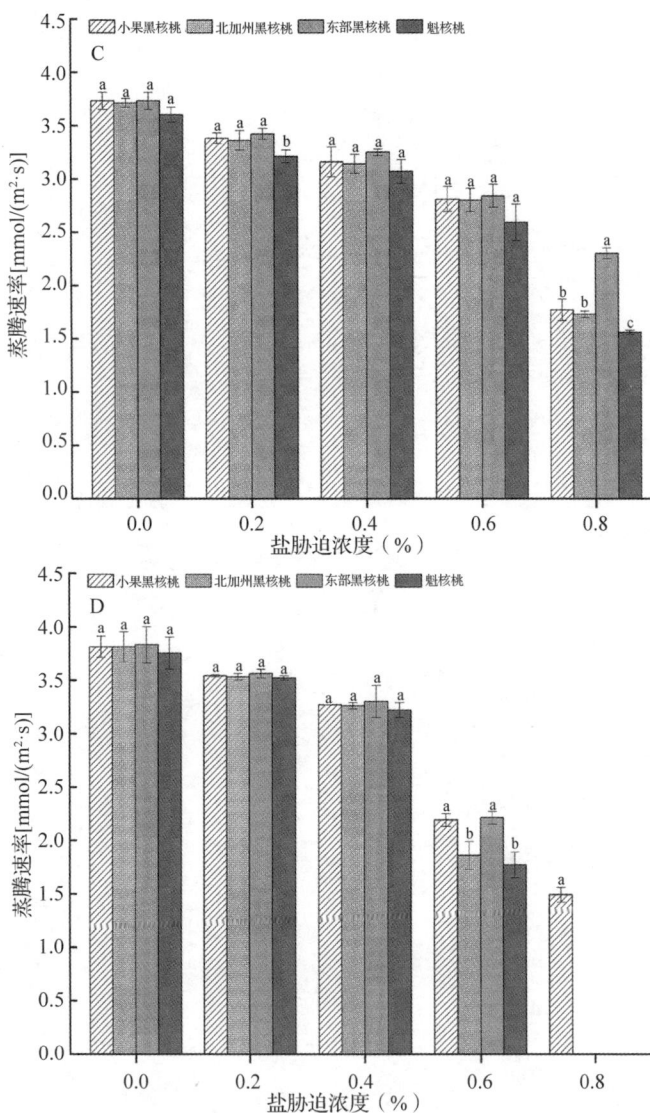

图 3-7　不同盐胁迫处理对 4 种黑核桃幼苗蒸腾速率(Tr) 的影响(续)

　　注：图 A 为盐胁迫 10 天；图 B 为盐胁迫 20 天；图 C 为盐胁迫 30 天；图 D 为盐胁迫 40 天。

照降低了38%。盐胁迫40天时，0.4%NaCl浓度及以下时，4种黑核桃幼苗的Tr值无显著差异；在0.6%NaCl浓度时，小果黑核桃和美国东部黑核桃幼苗Tr值最大，较对照分别降低了43%、42%，且二者无显著差异；在0.8%浓度时，小果黑核桃幼苗Tr值低至1.49mmol/$(m^2 \cdot s)$。

4. 盐胁迫处理对4种黑核桃幼苗胞间CO_2浓度(Ci)的影响

如图3-8所示，在盐胁迫下，4种黑核桃幼苗的Ci值随着胁迫浓度的增加和时间延长，总体均表现为逐渐上升的趋势。盐胁迫10天时，0.2%NaCl浓度时，4种黑核桃幼苗Ci值无显著差异；在0.4%NaCl浓度时，魁核桃幼苗Ci值最大，较对照增加了11%，其余3种幼苗无显著差异；在0.6%NaCl浓度时，北加州黑核桃和魁核桃幼苗最大，较对照分别增加了12%、10%，且二者无显著差异；在0.8%NaCl浓度时达到最大值，4种黑核桃幼苗Ci值无显著差异。盐胁迫20天时，0.2%NaCl浓度时，魁核桃幼苗Ci值最大，较对照增加了6%，其余3种黑核桃幼苗Ci值无显著差异；在0.4%NaCl浓度时，北加州黑核桃和魁核桃幼苗Ci值最大，较对照分别增加了5%、6%；在0.6%NaCl浓度时，魁核桃幼苗最大，较对照增加了12%，在0.8%NaCl浓度时，美国东部黑核桃幼苗Ci值最小，较对照增加了17%，其余3种幼苗无显著差异。盐胁迫30天时，0.2%NaCl浓度时，魁核桃幼苗Ci值最大，较对照增加了7%；在0.4%NaCl浓度时，魁核桃幼苗Ci值最大，较对照增加了12%，其余3种黑核桃幼苗Ci值无显著差异；在0.6%NaCl浓度及以上时，均是魁核桃幼苗Ci值最大，较对照分别增加了22%、36%，其次是北加州黑核桃幼苗，较对照分别增加了21%、33%。盐胁迫40天时，0.2%NaCl浓度时，4种黑核桃幼苗的Ci值无显著差异；在0.4%NaCl浓度时，魁核桃幼苗Ci值最大，较对照增加了15%；在0.6%NaCl浓度时，魁核桃幼苗Ci值最大，较对照增加了29%，其余3种黑核桃幼苗Ci值无显著差异；在0.8%NaCl浓度时，小果黑核桃幼苗Ci值达到最大值，较对照增加了31%。

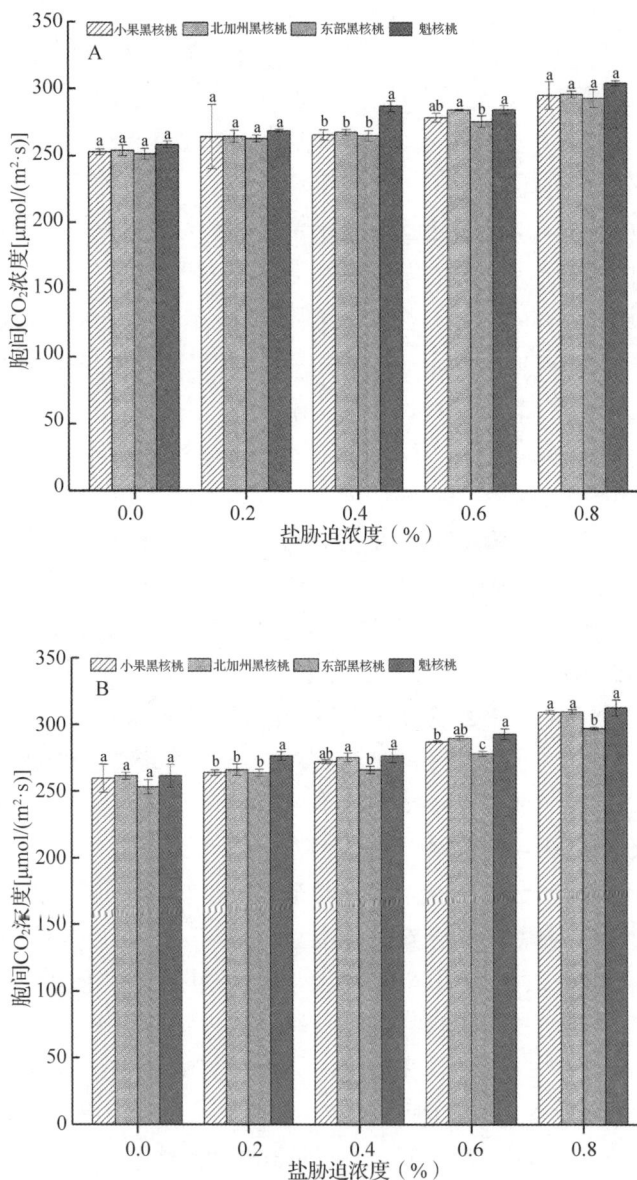

图 3-8　不同盐胁迫处理对 4 种黑核桃幼苗胞间 CO_2 浓度（Ci）的影响

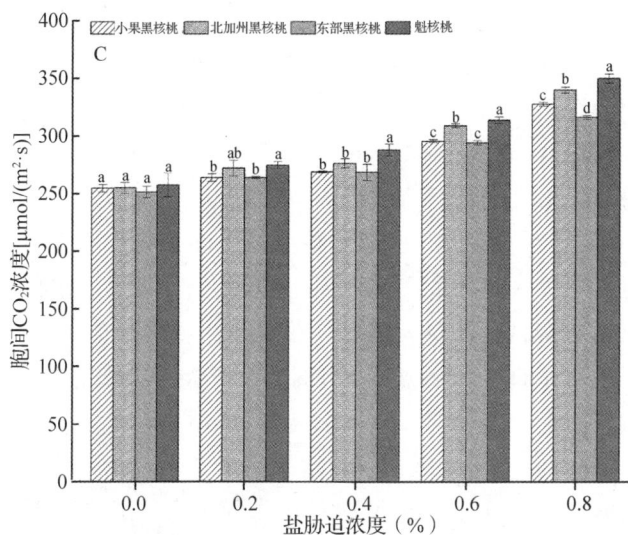

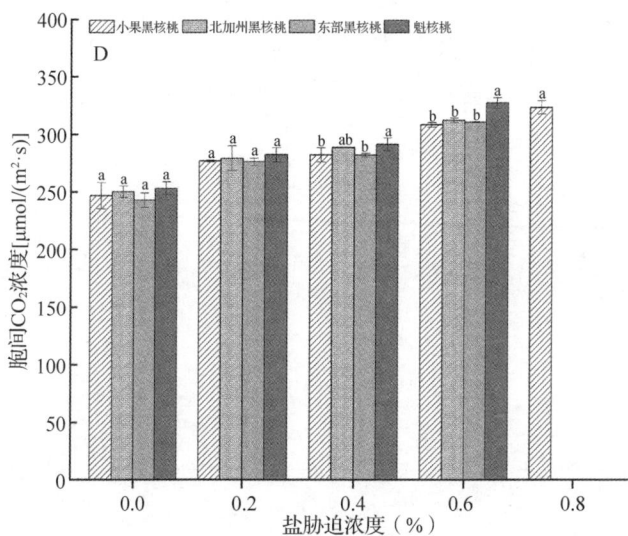

图 3-8　不同盐胁迫处理对 4 种黑核桃幼苗胞间 CO_2 浓度(Ci) 的影响(续)

　　注：图 A 为盐胁迫 10 天；图 B 为盐胁迫 20 天；图 C 为盐胁迫 30 天；图 D 为盐胁迫 40 天。

5. 盐胁迫处理对 4 种黑核桃幼苗叶绿素含量的影响

如图 3-9 所示，在盐胁迫下，4 种黑核桃幼苗的叶绿素含量随着胁迫浓度的增加和时间延长，总体均表现为逐渐下降的趋势。在盐胁迫 10 天时，4 种黑核桃幼苗叶绿素含量在各 NaCl 浓度处理时，总体变化浮动较小，范围在 $37.65 \sim 40.09 \mu g/cm^3$。在盐胁迫 20 天时，0.6%NaCl 浓度及以下时，4 种黑核桃幼苗叶绿素含量，总体降幅较小；在 0.8%NaCl 浓度时，魁核桃幼苗叶绿素含量出现大幅下降，较对照降低了 31%，东都黑核桃幼苗叶绿素含量降幅最小，较对照降低了 7%。在盐胁迫 30 天时，随着 NaCl 增加，4 种黑核桃幼苗叶绿素含量逐渐下降。在盐胁迫 40 天时，小果黑核桃幼苗在 0.8%NaCl 浓度时，降至最低，较对照降低了 71%，其余 3 幼苗在 0.6%NaCl 浓度时，已达到最小值，随着盐浓度增加，植株出现干枯死亡。

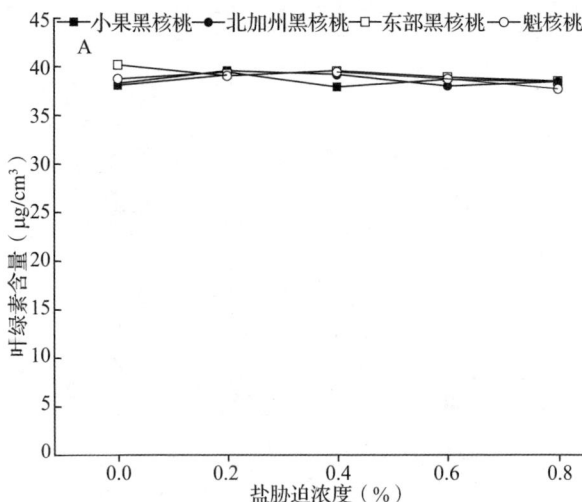

图 3-9 不同盐胁迫处理对 4 种黑核桃幼苗叶绿素含量的影响

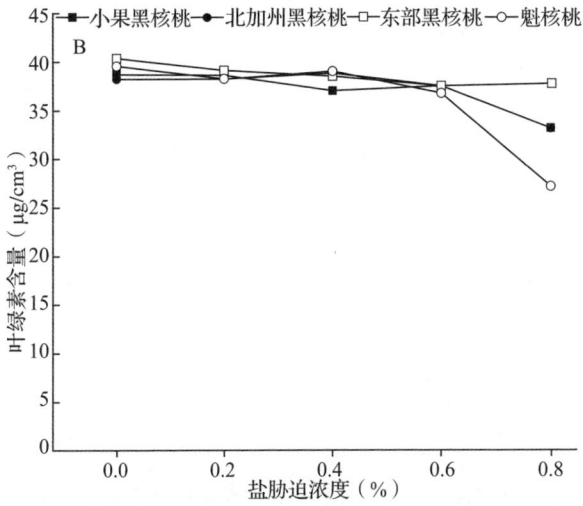

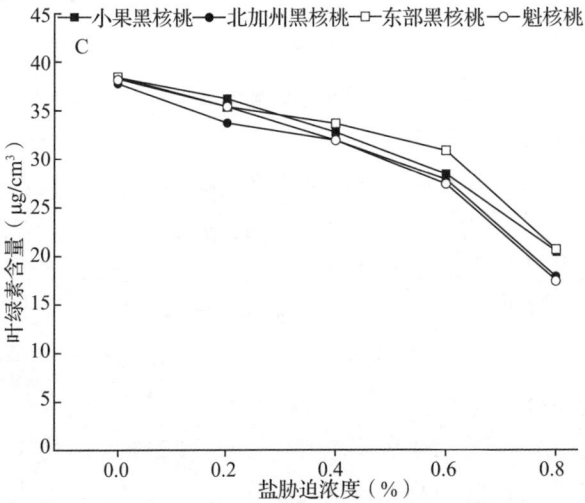

图 3-9　不同盐胁迫处理对 4 种黑核桃幼苗叶绿素含量的影响(续)

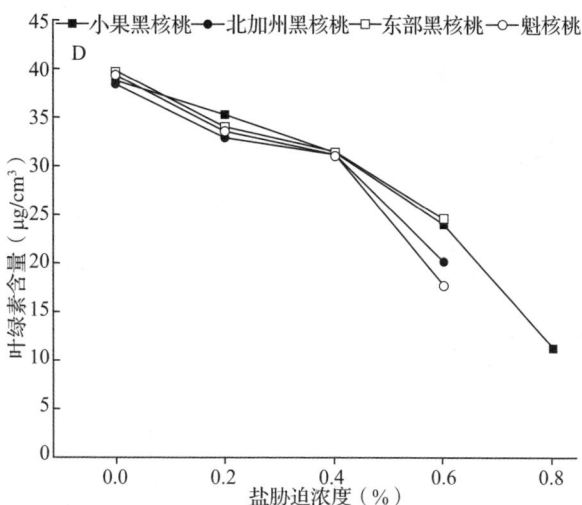

图 3-9　不同盐胁迫处理对 4 种黑核桃幼苗叶绿素含量的影响(续)

注：图 A 为盐胁迫 10 天；图 B 为盐胁迫 20 天；图 C 为盐胁迫 30 天；图 D 为盐胁迫 40 天。

(三) 盐胁迫对 4 种黑核桃幼苗根系生理指标的影响

1. 盐胁迫对 4 种黑核桃幼苗根系丙二醛(MDA)含量的影响

如图 3-10 所示，随着盐胁迫浓度的增加，4 种黑核桃幼苗根系的 MDA 含量均呈持续上升的趋势，各胁迫浓度下，4 种黑核桃幼苗之间存在显著差异($P<0.05$)。在 0.2%NaCl 浓度时，北加州黑核桃和魁核桃幼苗 MDA 含量最高，较对照分别增加了 12% 和 17%，且二者无显著差异；在 0.4% 和 0.6%NaCl 浓度时，魁核桃幼苗 MDA 含量最高，较对照分别增加了 30% 和 33%，小果黑核桃幼苗 MDA 含量最低，较对照分别增加了 20% 和 24%，而北加州黑核桃与美国东部黑核桃幼苗二者间无显著差异；在 0.8%NaCl 浓度时，小果黑核桃幼苗 MDA 含量最低，较对照增加了 28%，北加州黑核桃、美国东部黑核桃和魁核桃幼苗 MDA 含量最高，三者间无显著差异。

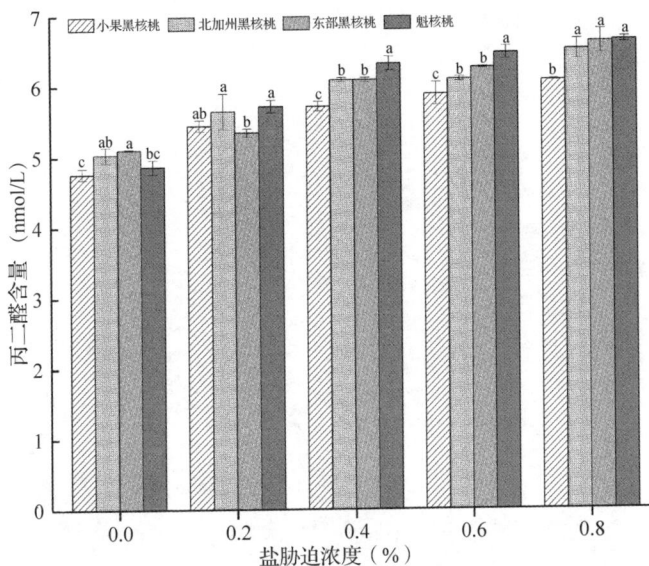

图 3-10　盐胁迫对 4 种黑核桃幼苗根系丙二醛含量的影响

2. 盐胁迫对 4 种黑核桃幼苗根系脯氨酸(Pro)含量的影响

如图 3-11 所示，4 种黑核桃幼苗根系的 Pro 含量在不同程度盐胁迫下，较 CK 均有显著差异($P<0.05$)，随着 NaCl 浓度的增加，4 种黑核桃幼苗 Pro 含量总体呈先增加后降低的趋势。在 0.4%NaCl 浓度时，Pro 含量达到最大值，且 4 种黑核桃 Pro 含量无显著差异；0.6%NaCl 浓度时，Pro 含量逐渐下降，其中魁核桃幼苗 Pro 含量最低，较对照降低了 18%，小果黑核桃、北加州黑核桃和美国东部黑核桃幼苗 Pro 含量无显著差异；在 0.8%NaCl 浓度时，美国东部黑核桃幼苗 Pro 含量最高，较对照降低了 10%，其次是小果黑核桃幼苗，较对照降低了 21%，北加州黑核桃和魁核桃幼苗 Pro 含量最低，较对照分别降低了 38%和 48%，且二者间无显著差异。

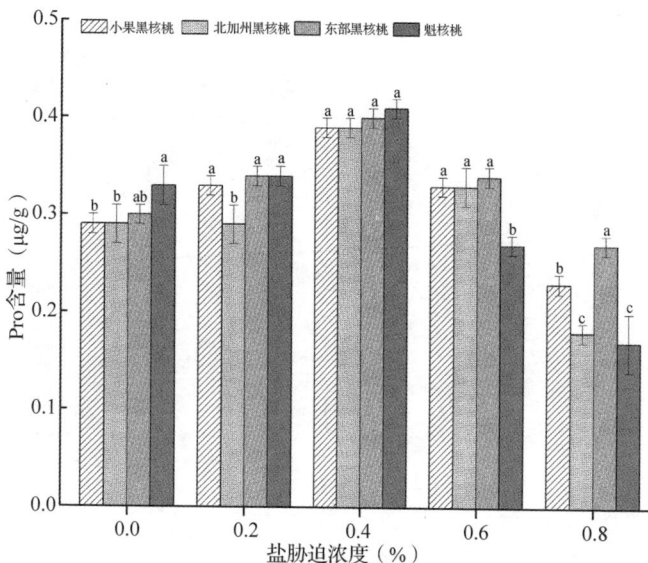

图 3-11　盐胁迫对 4 种黑核桃幼苗根系脯氨酸含量的影响

3. 盐胁迫对 4 种黑核桃幼苗根系抗氧化酶活性的影响

由图 3-12 可知，4 种黑核桃幼苗在不同盐浓度处理下，其根系的 SOD 活性随着胁迫浓度增加，各种类间的差异显著（$P<0.05$），SOD 活性和 POD 活性随着 NaCl 浓度的增加，总体呈先增加后降低的趋势。在 0.4%NaCl 浓度时，4 种黑核桃幼苗 SOD 活性均达到最大值，且美国东部黑核桃幼苗 SOD 活性最大，较对照增加了 23%，其次是小果黑核桃幼苗，较对照增加了 21%；随后 4 种黑核桃幼苗的 SOD 活性开始下降，在 0.8%NaCl 浓度时降幅最大，其中北加州黑核桃和魁核桃幼苗的 SOD 活性最低，较对照分别降低了 42% 和 40%，且二者间无显著差异，小果黑核桃和美国东部黑核桃幼苗 SOD 活性最大，较对照分别降低了 20% 和 22%，且二者间无显著差异。在 0.4%NaCl 浓度时，小果黑核桃、北加州黑核桃和魁核桃幼苗 POD 活性达到最大值，且 4 种黑核桃幼苗 POD 活性无显著差异；在 0.6%NaCl 浓度时，美国东部黑核桃幼苗 POD 活性达到最大值，

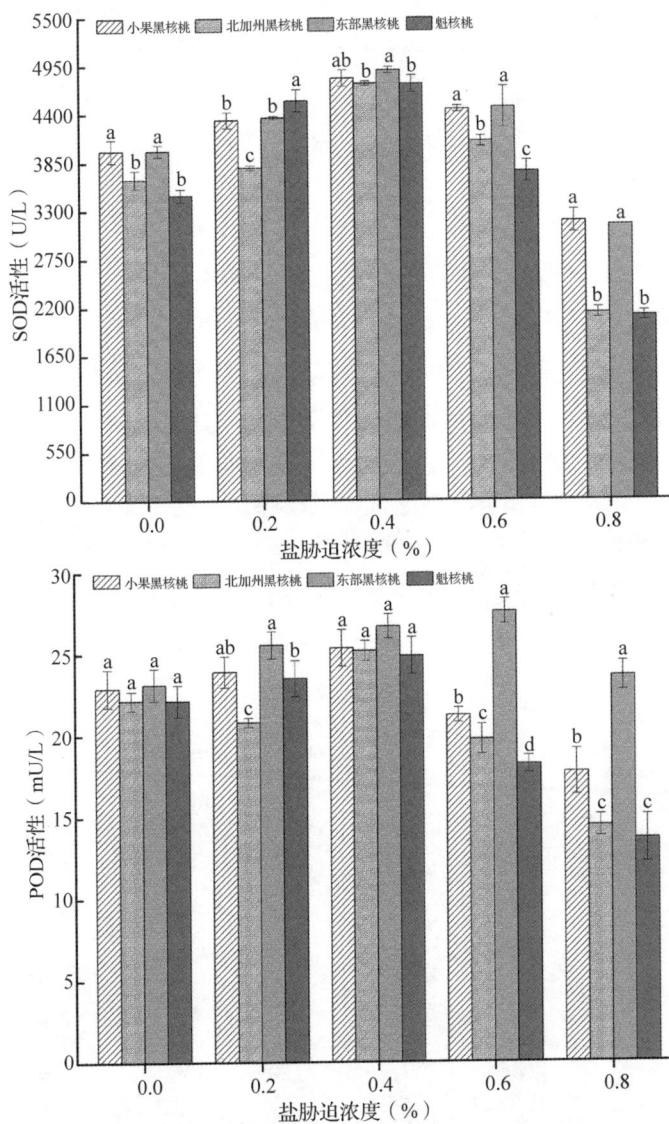

图 3-12 盐胁迫对 4 种黑核桃幼苗根系抗氧化酶活性的影响

较对照增加了 19%，而小果黑核桃、北加州黑核桃和魁核桃幼苗 POD 活性呈逐渐下降的趋势；在 0.8%NaCl 浓度时，美国东部黑核桃幼苗 POD 活性最大，较对照增加了 2%，北加州黑核桃和魁核桃幼苗 POD 活性最低，较对照分别降低了 35% 和 38%，且二者间无显著差异。

4. 盐胁迫对 4 种黑核桃幼苗根系可溶性糖含量的影响

如图 3-13 所示，随着盐浓度的增加，4 种黑核桃可溶性糖含量总体呈先增后降的趋势。在 0.2%NaCl 浓度时，北加州黑核桃可溶性糖含量最低，其余 3 种黑核桃幼苗无显著差异；在 0.4%NaCl 浓度时，4 种黑核桃可溶性糖含量均达到最大值，较 CK 分别增加了 14%、13%、14% 和 15%，且 4 种黑核桃幼苗间无显著差异；在 0.6%NaCl 浓度时，可溶性糖含量大幅降低，其中北加州黑核桃幼苗可溶性糖含量最低，较 CK 降低了 8%；在 0.8%NaCl 浓度时，魁核桃可溶性糖含量最高，较 CK 降低了 11%。

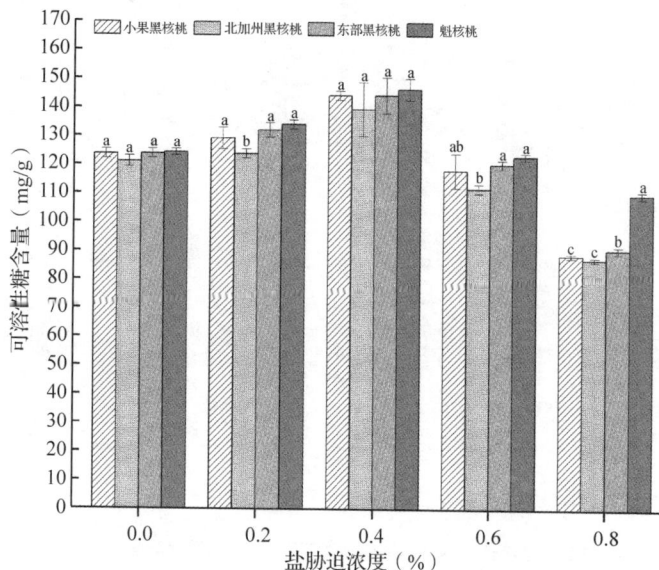

图 3-13　盐胁迫对 4 种黑核桃幼苗可溶性糖含量的影响

5. 盐胁迫对 4 种黑核桃幼苗根系离子含量的影响

图 3-14 所示，4 种黑核桃幼苗根系中，Cl^- 含量呈现出显著的差

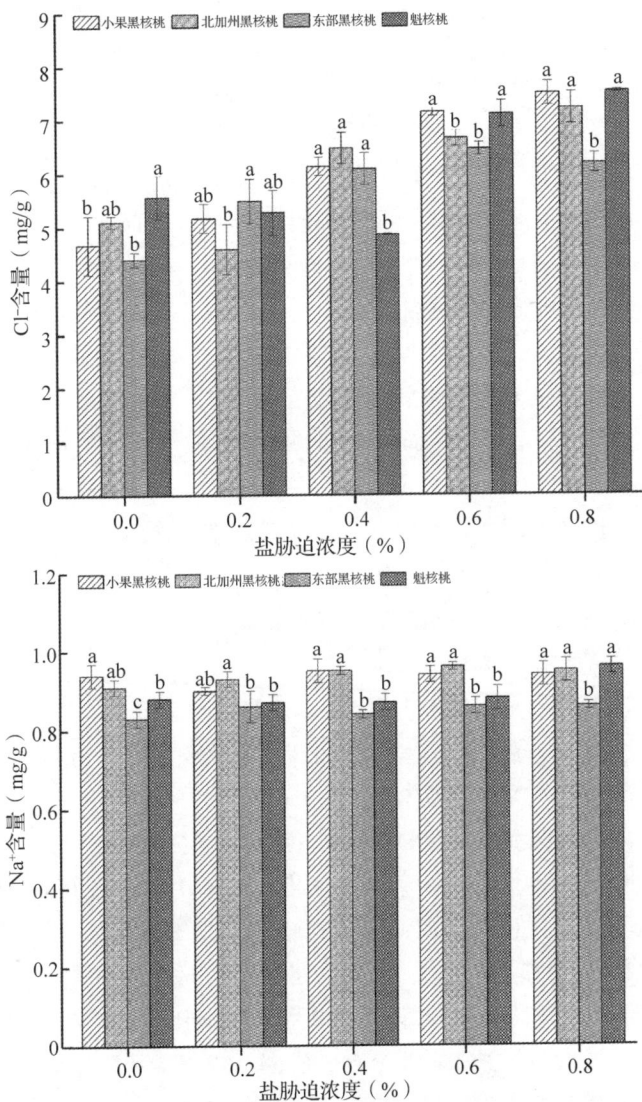

图 3-14 盐胁迫对 4 种黑核桃幼苗根系离子含量的影响

异，各种类幼苗根系的 Cl^- 含量随着盐胁迫浓度的增加总体呈逐渐上升的趋势，在 0.8%NaCl 浓度时，达到最大值（$P < 0.05$）。在 0.2%NaCl 浓度时，北加州黑核桃幼苗 Cl^- 含量最低，较对照降低了 10%，美国东部黑核桃幼苗 Cl^- 含量最高，较对照增加了 25%；在 0.4%NaCl 浓度时，魁核桃幼苗 Cl^- 含量最低，较对照降低了 13%，其余 3 种黑核桃幼苗无显著差异；在 0.6%NaCl 浓度时，小果黑核桃和魁核桃幼苗 Cl^- 含量最高，较对照分别增加了 53%、27%；在 0.8%NaCl 浓度时，美国东部黑核桃幼苗 Cl^- 含量最低，较对照降低了 40%，其余 3 种黑核桃幼苗无显著差异。4 种黑核桃幼苗根系 Na^+ 含量随着盐浓度的增加缓慢上升。在 0.2%NaCl 浓度时，北加州黑核桃幼苗 Na^+ 含量最高，较对照增加了 2%，在 0.4%NaCl 浓度时，小果黑核桃和北加州黑核桃幼苗 Na^+ 含量最高，较对照均增加了 4%，且二者无显著差异；在 0.6%NaCl 浓度时，北加州黑核桃幼苗 Na^+ 含量最高，较对照增加了 5%；在 0.8%NaCl 浓度时，美国东部黑核桃幼苗的 Na^+ 含量最低，较对照增加了 4%，其余 3 种黑核桃幼苗 Na^+ 含量无显著差异。

（四）盐胁迫对 4 种黑核桃幼苗耐盐性综合评价

1. 各单项指标相关性分析

如表 3-6 所示，MDA 含量与 Cl^- 含量极显著正相关，与地上干重、Pn、Cond、Tr、叶绿素含量和日蒸量呈极显著负相关，与地上鲜重呈负相关。POD 活性与 SOD、Pro、SS、地上鲜重、Cond、T_1、叶绿素含量和日蒸散量呈极显著正相关，与 Na^+ 和 Cl^- 呈显著负相关，与地上干重、Pn、Ci 呈显著正相关。SOD 活性与 Pro、SS、地上鲜重、地上干重、Ci、Tr、叶绿素含量和日蒸散量呈极显著正相关，与 Cond 呈显著正相关。Pro 含量与 SS、地上鲜重、Ci、Tr、叶绿素含量和日蒸腾量呈极显著正相关，与地上干重和 Cond 呈显著正相关。SS 含量与地上鲜重、Ci、Cond、Tr、叶绿素含量和日蒸腾量呈极显著正相关，与 Cl^- 呈显著负相关，与地上干重和 Pn 呈显著正相关。Cl^- 含量与地上鲜重、Pn、Cond、Tr、叶绿素含量和日蒸散

表3-6 各单项指标的相关系数矩阵

指标	1	2	3	4	5	6	7	8	9	10	11	12	13	14	15	16	17
1	1.000																
2	-0.331	1.000															
3	-0.275	0.851**	1.000														
4	-0.239	0.865**	0.946**	1.000													
5	-0.330	0.671*	0.816**	0.832**	1.000												
6	0.130	-0.556*	-0.326	-0.344	-0.288	1.000											
7	0.700**	-0.535*	-0.411	-0.413	-0.504*	0.440	1.000										
8	-0.553*	0.631*	0.705**	0.705**	0.736**	-0.092	-0.574**	1.000									
9	-0.585*	0.541*	0.625*	0.527*	0.532*	-0.067	-0.547*	0.876**	1.000								
10	-0.047	0.139	0.008	0.098	0.242	-0.208	-0.082	0.283	0.138	1.000							
11	-0.258	0.176	0.066	0.116	0.214	-0.036	-0.265	0.42	0.262	0.824**	1.000						
12	-0.946**	0.483*	0.418	0.393	0.523*	-0.322	-0.799**	0.667**	0.664**	0.139	0.256	1.000					
13	-0.380	0.494*	0.773*	0.654**	0.570*	-0.138	-0.248	0.494*	0.557*	-0.263	-0.243	0.441	1.000				
14	-0.902**	0.584*	0.546*	0.533*	0.652*	-0.301	-0.830*	0.731**	0.665*	0.145	0.309	0.967**	0.492*	1.000			
15	-0.801**	0.651*	0.718*	0.681*	0.769*	-0.302	-0.773*	0.786**	0.719*	0.083	0.224	0.890**	0.699**	0.954**	1.000		
16	-0.820**	0.654*	0.711*	0.677*	0.757*	-0.313	-0.772*	0.778**	0.728*	0.079	0.203	0.914**	0.687**	0.963**	0.993**	1.000	
17	-0.835**	0.649*	0.704*	0.655*	0.743*	-0.284	-0.769*	0.791**	0.763*	0.088	0.214	0.921**	0.669*	0.961**	0.980**	0.992**	1.000

注：**表示在0.01级别（双尾），相关性显著；*表示在0.05级别（双尾），相关性显著。1为MDA，2为POD，3为SOD，4为Pro，5为ss，6为Na+，7为Cl−，8为地上鲜重，9为地上干重，10为地下鲜重，11为地下干重，12为Pn，13为Ci，14为Cond，15为蒸腾速率，16为叶绿素含量，17为日蒸腾量。

量呈极显著负相关，与地上干重呈显著负相关。地上鲜重与地上干重、Pn、Cond、Tr、叶绿素含量、日蒸散量呈极显著正相关，与 Ci 呈显著正相关。地上干重与 Pn、Cond、Tr、叶绿素含量和日蒸散量呈极显著正相关，与 Ci 呈显著正相关。地下鲜重与地下干重呈极显著正相关。Pn 值与 Cond、Tr、叶绿素含量和日蒸散量呈极显著正相关。Ci 值与 Tr、叶绿素含量和日蒸散量呈极显著正相关，与 Cond 呈显著正相关。Cond 值与 Tr、叶绿素含量和日蒸散量呈极显著正相关。Tr 值与叶绿素含量和日蒸散量呈极显著正相关。叶绿素含量与日蒸散量呈极显著正相关。由于植物的耐盐性性状较为复杂，各单项指标间存在着不同程度的相关性，各指标显示的耐盐性信息具有重叠性。因此需要通过主成分分析法将各指标简化为独立的综合指标进行分析，结合隶属函数确定每个综合指标所占权重，进行综合分析。

2. 主成分分析

在盐胁迫下对 4 种黑核桃幼苗的生长、光合及生理指标的主成分分析进行综合性、耐盐性的评价可知，利用主成分特征根以及不同成分的贡献率作为选取主要成分的依据，第一主成分贡献率为 59.530%，第二主成分贡献率为 12.867%，第三主成分贡献率为 10.922%，第四主成分贡献率为 7.176%，累计贡献率为 90.495%，因此选取这 4 个主成分进行抗盐性分析(表 3-7)。

第一主成分的特征向量值较大的指标为可溶性糖含量、地上鲜重、净光合速率、气孔导度、蒸腾速率、叶绿素含量和日蒸散量。第二主成分的特征向量值较大的指标为地下鲜重、地下干重和胞间 CO_2 浓度。第三主成分的特征向量值较大的为丙二醛含量、脯氨酸含量、地下鲜重和地下干重。第四主成分的特征向量值较大的为 Na^+ 含量、Cl^- 含量、地下鲜重和地下干重。这些指标中，POD 活性、SOD 活性、脯氨酸含量、可溶性糖含量、地上鲜重的权重较大。

表 3-7 主成分特征向量、特征根及贡献率

因子	主成分				权重（%）
	Y1	Y2	Y3	Y4	
丙二醛含量	−0.749	0.368	0.492	0.008	1.25
POD 活性	0.765	0.261	0.377	−0.245	7.53
SOD 活性	0.796	0.479	0.319	0.073	8.56
脯氨酸含量	0.769	0.421	0.413	0.022	8.42
可溶性糖含量	0.805	0.191	0.328	0.072	7.99
Na^+ 含量	−0.364	−0.043	−0.264	0.84	2.01
Cl^- 含量	−0.772	0.262	0.189	0.324	0.81
地上鲜重	0.856	−0.085	0.185	0.35	7.79
地上干重	0.789	−0.043	−0.024	0.36	7.16
地下鲜重	0.16	−0.656	0.66	0.035	3.69
地下干重	0.278	−0.747	0.495	0.179	3.95
净光合速率	0.867	−0.306	−0.341	−0.114	5.53
胞间 CO_2 浓度	0.667	0.567	−0.146	0.185	7.39
气孔导度	0.929	−0.234	−0.232	−0.074	6.27
蒸腾速率	0.974	−0.013	−0.147	0.007	7.27
叶绿素含量	0.977	−0.018	−0.168	−0.009	7.20
日蒸散量	0.975	−0.042	−0.177	0.024	7.18
特征根	10.12	2.187	1.857	1.22	
方差贡献率（%）	59.53	12.867	10.922	7.176	
累计贡献率（%）	59.53	72.397	83.319	90.495	

3. 不同盐胁迫下 4 种黑核桃幼苗隶属函数抗盐性评价

在统计学中，模糊隶属函数是一种重要的评价学方法，通过核桃属 11 种种质幼苗进行各项指标耐盐性综合评价。隶属函数计算公式如下。

$$X = (X - X_{min}) / (X_{max} - X_{min}) \tag{3-2}$$

式中：X 为某一项指标测定值；X_{max} 为所有种类在该指标下的

最大值；X_{min} 为所有种类在该指标下的最小值。

如果该评价指标与目标形状是负相关，则用反隶属函数公式计算。

$$X = 1-(X-X_{min})/(X_{max}-X_{min}) \tag{3-3}$$

通过主成分分析得出，POD 活性、SOD 活性、脯氨酸含量、可溶性糖含量、地上鲜重为权重较大指标，对这 5 个指标进行隶属函数分析，得出 4 种黑核桃幼苗的综合评价值（表 3-8），美国东部黑核桃（H3）的综合评价值最大，为 0.702；其次是小果黑核桃（H1），为 0.654。根据综合评价值大小进行耐盐能力强弱排序依次为：美国东部黑核桃（H3）>小果黑核桃（H1）>北加州黑核桃（H2）>魁核桃（H4）。

表 3-8　4 种黑核桃幼苗耐盐性指标的隶属函数值

种类	POD 活性	SOD 活性	Pro 含量	可溶性糖含量	地上鲜重	均值
小果黑核桃	0.62	0.73	0.65	0.59	0.68	0.654
北加州黑核桃	0.49	0.57	0.57	0.52	0.67	0.564
美国东部黑核桃	0.84	0.74	0.73	0.61	0.59	0.702
魁核桃	0.49	0.58	0.61	0.71	0.39	0.556

三、讨　论

植物在盐渍化土壤的环境中会造成苗木失水，生长发育受到抑制。而植物在盐胁迫环境中，根系最先受到影响，并且生物量的变化能够直接反映出盐胁迫特征，是作为耐盐性的最可靠指标。而其他指标例如根长、株高等，同样也是对植物受到盐胁迫程度或耐盐能力最直观的指标。本研究发现，盐胁迫处理下，4 种黑核桃幼苗的生物量、主根长和须根数均显著减小，而在其他植物的盐胁迫研究中表现出相同的趋势，如杜梨（李晓庆等，2021）、蜡梅（李海燕等，2021）、梅花（杨佳鑫等，2019）等。说明随着 NaCl 浓度的增加，4 种黑核桃幼苗根系脱水，致使根部发育受阻，生长受到抑

制，进而使植株生物量减少，这与隋德宗等（2007）的研究结果相似。

当植物受到生物或非生物胁迫时，植物体内最明显的变化之一就是活性氧（ROS）大量累积，细胞膜受损且会使膜质过氧化产生大量的 MDA，MDA 含量也被作为判断植物在逆境环境中受到胁迫严重程度的重要标志。本研究中，盐胁迫下 4 种黑核桃幼苗体内的 MDA 含量随着 NaCl 浓度的升高而逐渐增加，说明幼苗受到盐胁迫程度增加，这与周琦等（2015）的研究结果相似。

植物受到胁迫时，活性氧（ROS）增加，膜质过氧化会激活体内的抗氧化酶活性，通过抗氧化酶保护细胞膜质过氧化损伤，抗氧化酶是植物体内作为清除 ROS 最重要的成分，其中 SOD、POD 是最主要的抗氧化酶，较高的酶活性能够使膜系统不受自由基的损害。本研究中，4 种黑核桃幼苗的 SOD 活性、POD 活性随着盐浓度增加均呈现出先增加后降低的趋势。说明幼苗通过增加体内酶活性维持细胞的正常代谢，当盐浓度超过植物耐受值时，高盐浓度胁迫使幼苗体内产生了过量的活性氧，超出了体内酶系统的清除能力而逐渐下降。

在盐胁迫环境下，盐浓度过高会使植物根系很难吸收水分，导致细胞产生渗透胁迫。植物通过合成累积如脯氨酸、可溶性糖等小分子有机物，调节细胞水势，维持水分的平衡。本研究中，4 种黑核桃幼苗的脯氨酸含量和可溶性糖含量随着 NaCl 浓度的增加均呈先升后降的趋势，说明在低盐浓度胁迫时，幼苗体内通过增加渗透调节物质进行渗透调节，缓解盐胁迫的损伤，但过量的盐分进入植物细胞时，细胞的渗透调节能力下降，最终导致细胞膜受损。

通过对各单项指标间相关性分析可知，各单项指标间存在相互作用相互影响，因此在核桃幼苗的耐盐能力评价中，需要对其综合评价分析。在以往不同试验对象的抗性对比研究中，主成分分析是常用的两种较为可靠的统计学综合评价方法，已经应用到以往大多数抗盐性试验评价中，在本研究中，对 4 种黑核桃幼苗的 19 项指

标进行主成分分析后，筛选出 SOD 活性、POD 活性、脯氨酸含量、可溶性糖含量、地上鲜重、胞间 CO_2 浓度、蒸腾速率、叶绿素含量为权重较大的 8 个指标。蔡亚南(2020)在 6 种园林植物的耐盐性研究筛选中，从 22 个指标中挑选出 qP、CAT、POD、Yield 和相对电导率作为主要的评价指标，崔佳奇(2021)在 3 种绿化植物的胁迫评价中，从 20 个生理生化指标中挑选出 Pn、Gs、Fv/Fm、qP 等指标作为耐盐能力的主要评价指标，表明生化指标与光合气体参数对盐胁迫处理具有高敏感性，可以反映植物在盐胁迫条件下的抗逆性，因此本研究筛选的指标具有一定的科学性，可将这些指标进行进一步综合分析。通过主成分分析对 5 个指标进行隶属函数分析，得出美国东部黑核桃幼苗的耐盐能力最强，其次是小果黑核桃幼苗，这与前文的生长和生理生化上的表现相符合。在盐胁迫下，随着盐浓度的增加，美国东部黑核桃幼苗的地上鲜重增大，而 SOD 活性和POD 活性等生理指标在高浓度下虽有降低，但能保持较高的活性，说明外界环境胁迫时，能够通过细胞内调节，有较强的光合能力保证植株正常生长，这与隶属函数综合评价的美国东部黑核桃幼苗耐盐能力最强的结果一致。

四、结　论

本文以 4 种黑核桃幼苗为研究材料，通过不同盐浓度胁迫处理的盆栽试验，对 4 种黑核桃幼苗叶片的生长表型特征、生长形态指标、光合作用及生理指标的测定与分析，得出盐胁迫对 4 种黑核桃幼苗的生长参数、光合作用以及生理特性的影响，筛选出抗盐性较强的核桃幼苗。主要的研究结论如下。

（1）盐胁迫处理对 4 种黑核桃幼苗生长和形态的影响：北加州黑核桃、美国东部黑核桃和魁核桃在 0.6%NaCl 浓度处理后，整株叶片出现枯黄、掉落；小果黑核桃在 0.8%NaCl 浓度处理后，整株叶片出现枯黄、掉落。4 种黑核桃幼苗的地上干鲜重和地下干鲜重较对照总体下降，日蒸散量呈先增后降的趋势。盐胁迫第 40 天时，

魁核桃日蒸腾量在 0.6% 盐浓度下降幅度最大。

（2）盐胁迫处理对 4 种黑核桃幼苗光合交换参数和叶绿素含量的影响：4 种黑核桃幼苗的净光合速率、气孔导度、蒸腾速率均呈下降趋势，胞间 CO_2 浓度逐渐上升，叶绿素含量逐渐降低。盐胁迫40 天时，北加州黑核桃和魁核桃净光合速率在 0.2% NaCl 浓度明显下降后，随浓度增加降幅较缓，在 0.6% NaCl 浓度时，4 种黑核桃幼苗叶绿素含量大幅下降。

（3）盐胁迫处理对 4 种黑核桃幼苗生理生化指标的影响：随着 NaCl 浓度的增加，4 种黑核桃幼苗 MDA 含量、Na^+ 含量、Cl^- 含量随着浓度增加而呈上升的趋势，Pro 含量、SOD 活性、POD 活性、可溶性糖含量呈先增后降的趋势。0.4%NaCl 浓度时，美国东部黑核桃幼苗 MDA 含量最低；0.8% NaCl 浓度时，小果黑核桃幼苗 MDA 含量最低。0.4% NaCl 浓度时，4 种黑核桃幼苗 SOD 活性达到最大值，0.6%NaCl 浓度及以上时，小果黑核桃和美国东部黑核桃幼苗 SOD 活性最大。小果黑核桃、北加州黑核桃和魁核桃幼苗 POD 活性在 0.4%NaCl 浓度时达到最大值，美国东部黑核桃幼苗 POD 活性在 0.6%NaCl 浓度时达到最大值。4 种黑核桃幼苗可溶性糖含量在 0.4%NaCl 浓度时达到最大值。在 0.6%NaCl 浓度及以上时，美国东部黑核桃幼苗的 Cl^- 和 Na^+ 含量最低。

（4）通过主成分分析发现，POD 活性、SOD 活性、脯氨酸含量、可溶性糖含量、地上鲜重这 5 项指标的权重较大。通过综合分析得出耐盐能力大小依次为：美国东部黑核桃>小果黑核桃>北加州黑核桃>魁核桃。

第三节　盐胁迫对黑核桃幼苗 K^+、Na^+ 等的影响

目前黑核桃在品种改良、栽培繁育、干旱胁迫、低温胁迫等方面均有研究报道，但关于黑核桃耐盐的生理生化特性的研究报道较

少，而黑核桃在新疆的发展过程中，盐胁迫始终是制约其推广应用的重要因素之一。因此，本研究以盆栽黑核桃为试材，研究不同浓度的盐胁迫对黑核桃幼苗的生长、K^+、Na^+ 和 Ca^{2+} 等的含量及分布变化，探讨对其盐胁迫的相关响应，揭示黑核桃耐盐生理适应机制，为新疆盐碱化荒地资源的开发利用和黑核桃的推广应用，提供基础参考依据。

一、材料与方法

(一)试验材料

在新疆佳木果树学国家长期科研基地进行盐胁迫试验。于 7 月 5 日，试验材料选用秋播黑核桃苗圃地中粗度 0.2~0.3cm，7 个羽状复叶、长势一致的 1 年生实生苗。挖取深 20cm、宽 20cm 的土球移入塑料盆内(规格为宽 28cm×深 31cm，盆底有排水孔并置于托盘中)，1 盆 1 株苗，定植基质为园土，每盆装土 15kg。进行为期 1 个月的正常养护管理。

(二)试验方法

采用盆栽控盐的方法，完全随机区组设计，NaCl 处理浓度设 7 个梯度，分别为 0(CK)、0.2%、0.4%、0.5%、0.6%、0.8%、1.0%，每株均匀浇灌相应浓度的盐溶液 2L，每次处理 3 株，3 次重复。花盆垫塑料托盘，每次浇入溶液后随时将流入托盘的倒回花盆内以防止盐分流失。每 10 天一次盐溶液处理，共处理 2 次。将盆栽植株设置在小拱棚内，采用避雨栽培。自盐胁迫后，第 40 天进行幼苗生长和形态特征、根茎叶离子含量指标的测定。

(三)测定指标与方法

1. 幼苗生长和形态特征的观测

自盐胁迫开始后，第 40 天对植株进行观察记录黑核桃生长指标，每个处理随机选取 3 株。测定每个处理单株的株高、地径等性状重复 3 次，并计算出苗高、地径等性状。苗高长用卷尺测量；地径用游标卡尺测量。

株高=处理后苗高-处理前苗高

地径=处理后地径-处理前地径

2. K^+、Na^+、Ca^{2+}、Mg^{2+}、Cl^- 的含量及分布测定

生物量测定后将各处理的根、茎、叶分别用密封袋装 5.0g,测定各部位 K^+、Na^+、Ca^{2+}、Mg^{2+}、Cl^- 的含量。

采用火焰分光光度法。将称完干重的植物材料用 JFSD-100 粉碎机分根、茎、叶粉碎,称取通过 0.5mm 筛的干样 0.3g,用 HCl 一次浸提后,置于振荡机上振摇 1.5 小时,过滤,采用 $AgNO_3$ 滴定法测定 Cl^- 含量,采用火焰分光光度法测定植物体根、茎、叶内的 Na^+、K^+、Ca^{2+}、Mg^{2+} 含量,并计算出 K^+/Na^+、Ca^{2+}/Na^+、Mg^{2+}/Na^+ 比值。

二、结果与分析

(一)盐胁迫对黑核桃幼苗形态特征和生长量的影响

在盐胁迫浓度下,第 10 天时,黑核桃幼苗表现出叶缘开始变黑,顶芽萎蔫的现象;随着盐胁迫浓度的增大和时间的延长,苗木盐害症状逐渐加重,即底部功能叶从叶片边缘向内部变黑且呈不同程度的卷曲,甚至叶片中心变灰一触即掉;且在 NaCl 浓度 0.8%、1.0% 处理下,黑核桃幼苗叶片基本完全脱落,但未出现苗木死亡的现象,这说明黑核桃幼苗具有一定的耐盐性。

由表 3-9 可知,盐胁迫对黑核桃幼苗的株高和地径生长均起到显著的抑制作用,抑制作用随 NaCl 浓度的增加而增强。黑核桃幼苗株高增长量和地径增长量随 NaCl 浓度的增加呈下降趋势,在 NaCl 浓度 0.2%、0.4%、0.5、0.6%、0.8%、1.0% 处理时,株高增长量分别较对照减少 27.50%、50.00%、56.56%、62.50%、71.44%、76.56%,对应的地径增长量则分别较对照减少 32.59%、46.49%、54.86%、61.29%、65.77%、76.63%。在 1.0% 胁迫下,黑核桃幼苗株高增长量和地径增长量最小。

表 3-9 盐胁迫下黑核桃幼苗株高和地径的生长状况

NaCl 浓度(%)	株高增长量(cm)	地径增长量(cm)
0.0	5.33±0.25 a	2.23±0.11 a
0.2	3.87±0.32 b	1.50±0.06 b
0.4	2.67±0.06 a	1.19±0.09 c
0.5	2.32±0.08 d	1.01±0.01 d
0.6	2.00±0.10 e	0.86±0.08 e
0.8	1.54±0.07 f	0.76±0.07 e
1.0	1.25±0.05 f	0.52±0.03 f

(二)盐胁迫对黑核桃幼苗不同部位离子含量的影响

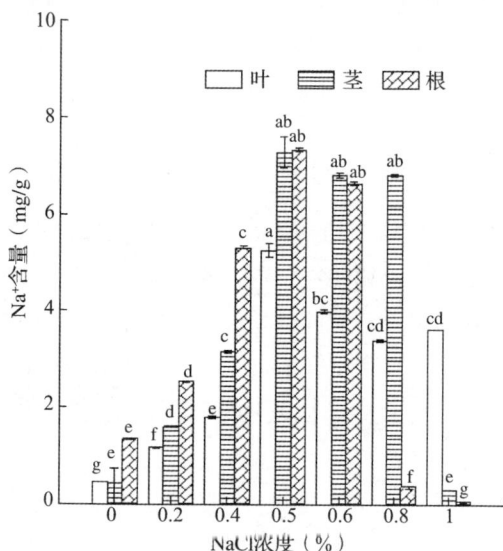

图 3-15 盐胁迫下黑核桃叶、茎、根中 Na^+ 含量的变化

由图 3-15 可知，当 NaCl 浓度为 0 时，黑核桃 Na^+ 含量主要分布在根，叶和茎的 Na^+ 含量仅为根的 34.07% 和 45.93%。随着 NaCl 处理浓度增加，黑核桃叶片中 Na^+ 含量呈先升高后下降再上升的趋势，茎和根中的 Na^+ 含量则呈先升高后下降的趋势。在 0.5% 盐胁迫下，叶、茎和根中的 Na^+ 含量最高，均显著高于对照(0)，分别为对照的 11.17、11.74 和 5.40 倍。NaCl 浓度为 0、0.2%、0.4%、0.5% 处理

间，叶中 Na^+ 含量呈显著性差异，而高浓度 0.6%、0.8%和1.0%处理间，叶中 Na^+ 含量无显著性差异；NaCl 浓度为0.5%时，茎中 Na^+ 含量达到最高(7.29mg/g)，与0、0.2%、0.4%、1.0%间茎中 Na^+ 含量呈显著性差异，与0.6%、0.8%处理间呈无显著性差异；NaCl 浓度为0.5%时，根中 Na^+ 含量达到最高(7.33mg/g)，且与0.6%处理间，Na^+ 含量呈显著性差异，与其他处理间 Na^+ 含量呈显著性差异。

由图3-16可知，随着 NaCl 浓度增加，黑核桃幼苗体内 K^+ 变化幅度较小，黑核桃幼苗不同部位中 K^+ 含量整体表现为：叶>根>茎。其中叶中 K^+ 含量在0.8%处理时达最大值(16.80mg/g)，显著高于对照，比对照增加了31.66%，且与其他处理间呈显著性差异；而在0.6%处理时为最低(10.67mg/g)，为对照的83.62%。茎中 K^+ 含量在0.4%处理时达最大值(8.46mg/g)，显著高于对照和其他处理的，比对照增加了80%；在1.0%处理时为最低(4.05mg/g)，为对照的86.17%。根中 K^+ 含量总体变化幅度较小，在1.0%处理时为最大值(6.93mg/g)，比对照增加了29.05%，在0.8%处理时为最低(5.19mg/g)，为对照的96.65%。

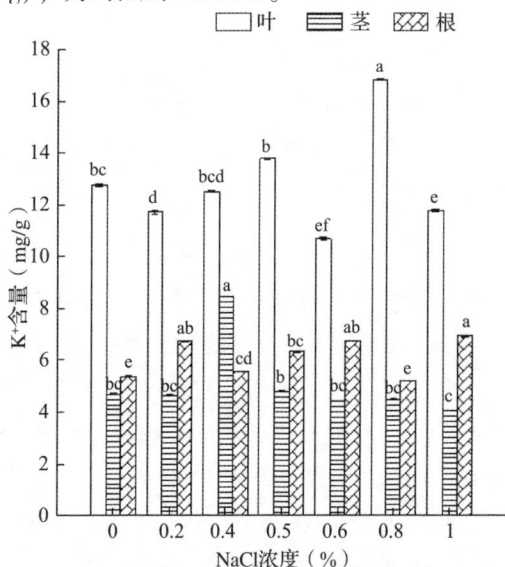

图3-16　盐胁迫下黑核桃叶、茎、根中 K^+ 含量的变化

由图 3-17 可知，随着 NaCl 浓度增加，黑核桃幼苗体内的 Ca^{2+} 变化幅度较小，黑核桃幼苗不同部位中 Ca^{2+} 含量整体表现为：叶>根>茎。其中叶中 Ca^{2+} 含量在 0、0.4% 处理时达最大值（10.33 mg/g），且与 0.6%、0.8% 处理间呈显著性差异。茎中 Ca^{2+} 含量在 0.5% 处理时达最大值（3.16mg/g），显著高于对照和其他处理，比对照增加了62.05%；在 0 处理时为最低（1.95mg/g）。根中 Ca^{2+} 含量总体变化幅度较小，在 0.8% 处理时最大值（4.43mg/g），比对照增加了 27.67%，在 0.2% 处理时为最低（2.34mg/g），为对照的 67.44%。

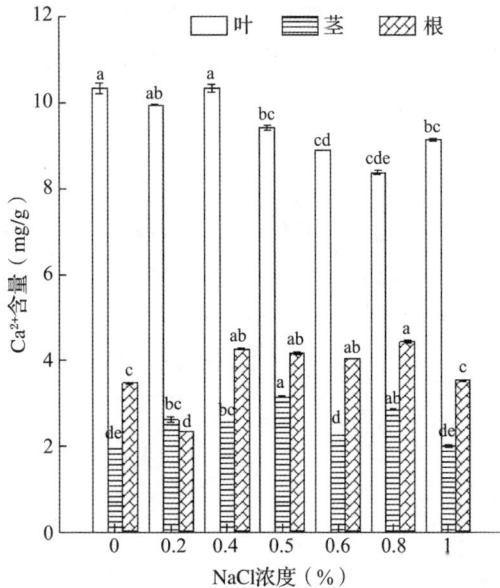

图 3-17　盐胁迫下黑核桃叶、茎、根中 Ca^{2+} 含量的变化

由图 3-18 可知，随着 NaCl 浓度增加，黑核桃幼苗体内的 Mg^{2+} 含量随之升高，黑核桃幼苗不同部位中 Mg^{2+} 含量整体表现为：叶>根>茎。其中叶中 Mg^{2+} 含量在 0.8% 处理时达最大值（6.57mg/g），且与其他处理间（除 0.6% 外）呈显著性差异。茎中 Mg^{2+} 含量在0.8%、1.0% 处理时均达最大值（1.54mg/g），显著高于对照和0.2%、0.4%、0.6% 处理，比对照增加了 23.2%；在 0 处理时为最

低(1.25mg/g)。根中 Mg^{2+} 含量总体变化幅度较小，在0.5%处理时为最大值(2.20mg/g)，比对照增加了37.5%，在1.0%处理时为最低(1.59mg/g)，为对照的99.38%。

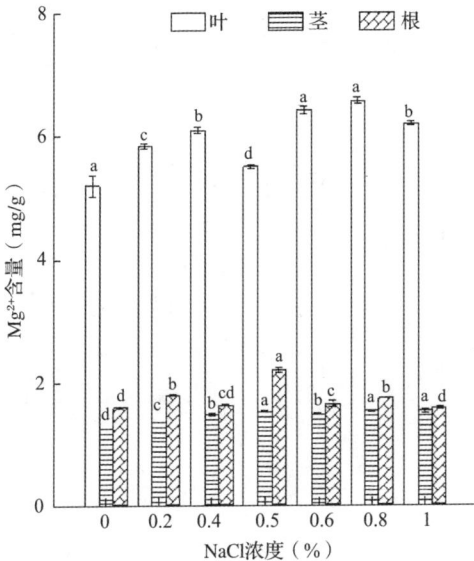

图3-18　盐胁迫下黑核桃叶、茎、根中 Mg^{2+} 含量的变化

由图3-19可知，随着 NaCl 浓度增加，黑核桃幼苗体内的 Cl^- 含量呈先升高后下降的趋势。其中叶中 Cl^- 含量在0.4%处理时达最大值(71.67mg/g)，比对照增加了27.44%，且与0、0.6%、0.8%、1.0%处理间呈显著性差异；而在0.8%处理时为最低(46.41mg/g)，为对照的82.52%。茎中 Cl^- 含量在0.6%处理时达最大值(74.24mg/g)，显著高于对照和其他处理，比对照增加了26.75%；在1.0%处理时为最低(31.27mg/g)，为对照的53.39%。根中 Cl^- 含量总体变化幅度较小，在1.0%处理时最大值(40.66mg/g)，比对照增加了17.0%，在0.4%处理时最低(33.76mg/g)，为对照的97.15%。

盐胁迫环境中，植物体内维持正常的矿质营养元素与 Na^+ 的比值是植物耐盐性的重要生理表现， K^+/Na^+ 、 Mg^{2+}/Na^+ 和 Ca^{2+}/Na^+

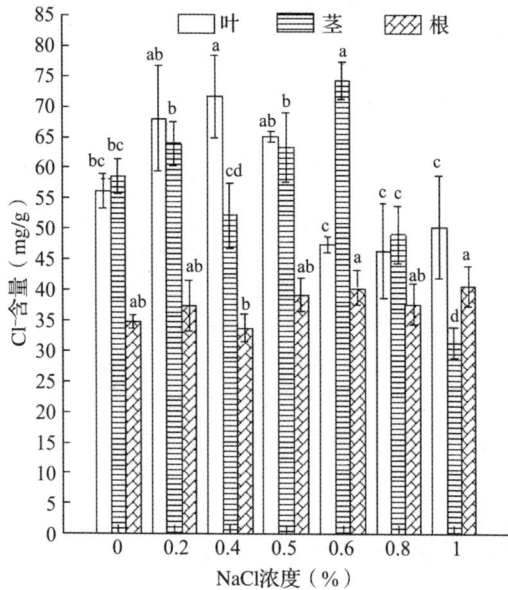

图 3-19 盐胁迫下黑核桃叶、茎、根中 Cl⁻ 含量的变化

用来表征盐胁迫对离子平衡的破坏程度，比值越低表明 Na^+ 对 K^+、Mg^{2+} 和 Ca^{2+} 吸收的抑制效应越强，受盐害越严重，尤其是植物体内 K^+/Na^+ 比值是衡量植物耐盐性的重要指标之一。由表 3-10 可知，黑核桃幼苗叶、茎、根的 K^+/Na^+、Ca^{2+}/Na^+ 和 Mg^{2+}/Na^+ 比值随着 NaCl 浓度的增加而呈显著性降低，明显低于对照（0），这说明 NaCl 浓度胁迫破坏了黑核桃幼苗根茎叶的离子平衡，而在 NaCl 浓度 0.8%、1.0%下，根中 K^+/Na^+、Ca^{2+}/Na^+ 和 Mg^{2+}/Na^+ 比值均显著高于对照，比对照分别增加了 2.62 倍、23.96 倍，3.78 倍、18.69 倍，3.08 倍、18.18 倍；在 NaCl 浓度 1.0%下，茎中 K^+/Na^+、Ca^{2+}/Na^+ 和 Mg^{2+}/Na^+ 比值均显著高于对照，分别比对照增加了 0.73 倍、1.08 倍、1.47 倍。这可能是随着 NaCl 浓度增高，茎中 Na^+ 含量（0.31mg/kg）、根中 Na^+ 含量（0.36mg/kg、0.07mg/kg）急剧下降导致的。

（三）盐胁迫对美国黑核桃幼苗离子选择性运输的影响

S_{x, Na^+} 值反映了植物根系中 Na^+、K^+、Ca^{2+} 和 Mg^{2+} 向地上部分运输

表3-10　盐胁迫对黑核桃不同部位 K^+/Na^+、Mg^{2+}/Na^+、Ca^{2+}/Na^+ 比值的影响

部位	比值	不同浓度 NaCl 处理						
		0	0.2%	0.4%	0.5%	0.6%	0.8%	1.0%
叶	K^+/Na^+	27.29±0.08 a	9.93±0.10 b	6.95±0.04 c	2.62±0.06 f	2.67±0.01 f	4.94±0.04 d	3.24±0.01 e
	Ca^{2+}/Na^+	22.10±0.14 a	8.44±0.04 b	5.73±0.02 c	1.79±0.03 f	2.22±0.02 e	2.46±0.02 d	2.52±0.00 d
	Mg^{2+}/Na^+	11.11±0.31 a	4.96±0.06 b	3.38±0.04 c	1.05±0.02 f	1.61±0.00 e	1.93±0.02 d	1.71±0.01 de
茎	K^+/Na^+	7.55±0.04 b	2.88±0.01 b	2.68±0.01 c	0.66±0.02 d	0.65±0.00 d	0.66±0.00 d	13.10±0.11 a
	Ca^{2+}/Na^+	3.13±0.02 b	1.63±0.03 c	0.81±0.00 c	0.43±0.02 e	0.33±0.00 e	0.42±0.00 e	6.51±0.17 a
	Mg^{2+}/Na^+	2.01±0.02 b	0.85±0.72 c	0.47±0.00 c	0.21±0.01 e	0.22±0.00 e	0.23±0.00 e	4.97±0.07 a
根	K^+/Na^+	3.97±0.02 c	2.66±0.01 c	1.04±0.01 c	0.86±0.01 c	1.02±0.00 c	14.38±0.81 b	99.08±7.70 a
	Ca^{2+}/Na^+	2.57±0.02 c	0.92±0.01 c	0.80±0.01 c	0.57±0.00 c	0.61±0.00 c	12.29±0.74 b	50.61±4.01 a
	Mg^{2+}/Na^+	1.19±0.00 c	0.71±0.00 c	0.31±0.00 c	0.30±0.00 c	0.25±0.01 c	4.86±0.28 b	22.82±2.00 a

注：不同小写字母表示同一处理间差异显著（$P<0.05$）。

的选择性和植物受胁迫的程度。由表 3-11 可知，在盐胁迫下，黑核桃幼苗从根到茎运输能力 S_{Ca^{2+},Na^+} 在 0.2%NaCl 处理下显著高于对照，其余处理显著低于对照；在 0.4%NaCl 处理下，S_{K^+,Na^+} 显著高于对照，其余处理显著低于对照；S_{Mg^{2+},Na^+} 对照显著高于其余处理；这说明盐胁迫抑制了黑核桃幼苗由根到茎 Mg^{2+} 的运输，高于 0.2% 盐胁迫抑制了黑核桃幼苗由根到茎 Ca^{2+} 的运输，高于 0.4% 盐胁迫抑制了黑核桃幼苗由根到茎 K^+ 的运输。

黑核桃幼苗从茎到叶运输能力 S_{Ca^{2+},Na^+} 在 0.4%NaCl 处理下，与对照无明显差异，其余处理显著低于对照；在 0.5%、0.6%、0.8%NaCl 处理下，S_{K^+,Na^+} 显著高于对照，其余处理显著低于对照；在 0.2%、0.4%、0.6%、0.8% NaCl 处理下，S_{Mg^{2+},Na^+} 显著高于对照，其余处理显著低于对照；这说明盐胁迫抑制了黑核桃幼苗由茎到叶 Ca^{2+} 的运输，促进了黑核桃幼苗由茎到叶 K^+、Mg^{2+} 的运输。

黑核桃幼苗从根到叶运输能力 S_{K^+,Na^+} 对照显著高于其余处理；在 0.4%NaCl 处理下，S_{Mg^{2+},Na^+} 显著高于对照，其余处理显著低于对照；在 0.2%NaCl 处理下，S_{Ca^{2+},Na^+} 显著高于对照，其余处理显著低于对照；这说明盐胁迫抑制了黑核桃幼苗由根到叶 K^+ 的运输，高于 0.4% 盐胁迫抑制了黑核桃幼苗由根到叶 Mg^{2+} 的运输，高于 0.2% 盐胁迫抑制了黑核桃幼苗由根到叶 Ca^{2+} 的运输。

三、讨 论

逆境胁迫因素的存在会对植物的生长发育造成影响，常表现出生长缓慢，植株矮小，地径细小等状况。株高生长量较小时，表明植株受到盐分胁迫程度大，即在高盐环境中，产生的渗透胁迫会影响植株的正常代谢情况，从而影响植株生长，出现叶片萎蔫、脱落等现象，严重时导致植株死亡。Na^+ 过量也会影响植株发育，郑世英等(2010)指出，盐胁迫下，植株的叶绿素含量、净光合速率、根系活力以及生长量等均随盐胁迫浓度增大而降低。本研究发现，在盐胁迫浓度下，第 10 天时黑核桃幼苗表现出叶缘开始变黑，顶芽

表 3-11　盐胁迫对黑核桃 S_{K^+,Na^+}、S_{Ca^{2+},Na^+}、S_{Mg^{2+},Na^+} 比值的影响

NaCl 浓度（%）		0	0.2	0.4	0.5	0.6	0.8	1.0
S_{K^+,Na^+}	根-茎	1.90±0.02 b	1.08±0.01 c	2.56±0.03 a	0.76±0.03 d	0.64±0.01 e	0.05±0.01 g	0.13±0.02 f
	茎-叶	3.61±0.02 c	3.45±0.04 d	2.59±0.02 e	3.98±0.14 b	4.13±0.03 b	7.52±0.14 a	0.25±0 f
	根-叶	6.87±0.06 a	3.74±0.04 c	6.64±0.08 b	3.04±0.06 d	2.63±0.01 e	0.35±0.02 f	0.03±0.01 g
S_{Ca^{2+},Na^+}	根-茎	1.22±0.01 b	1.76±0.04 a	1.01±0.02 c	0.76±0.03 d	0.54±0.01 e	0.04±0.01 g	0.13±0.02 f
	茎-叶	7.06±0.02 a	5.19±0.13 d	7.05±0.05 a	4.14±0.18 e	6.74±0.08 b	5.85±0.07 c	0.39±0.01 f
	根-叶	8.60±0.07 b	9.11±0.04 a	7.11±0.07 c	3.17±0.07 e	3.67±0.03 d	0.20±0.01 f	0.05±0.01 g
S_{Mg^{2+},Na^+}	根-茎	1.70±0.03 a	1.19±0.02 c	1.51±0.02 b	0.69±0.02 e	0.88±0.04 d	0.05±0.01 g	0.22±0.03 f
	茎-叶	5.52±0.23 d	5.86±0.07 c	7.24±0.06 b	5.00±0.17 e	7.30±0.03 b	8.39±0.13 a	0.34±0.01 f
	根-叶	9.36±0.32 b	6.95±0.14 c	10.90±0.16 a	3.46±0.03 e	6.43±0.28 d	0.40±0.02 f	0.08±0.01 f

萎蔫的现象。随着盐胁迫浓度的增大和时间的延长，苗木盐害症状逐渐加重，即底部功能叶从叶片边缘向内部变黑且呈不同程度的卷曲，甚至叶片中心变灰一触即掉。且在 NaCl 浓度 0.8%、1.0%处理下，黑核桃幼苗叶片基本完全脱落，但未出现苗木死亡的现象，这说明黑核桃苗木具有一定的耐盐性，且在应对盐胁迫的过程中形成了自身的适应策略。第 40 天时，盐胁迫浓度与植株生长量呈负相关，表现为黑核桃幼苗高生长量和地径生长量越来越小。

植物正常生长发育需要通过对离子的选择性吸收、外排和区域化来维持细胞内离子的相对平衡状态。过多的 Na^+ 内流，会影响 K^+/Na^+ 的比例，引起植物体内的离子稳态失衡，进而影响植株对其他离子的吸收以及植株的正常生长（李晓院等，2019）。本研究表明，40 天的盐胁迫处理后，不同处理间 Na^+ 有类似的积累和分配模式，盐胁迫处理显著提高了黑核桃幼苗叶、茎和根中的 Na^+ 含量，在 NaCl 浓度 0.6%以下，Na^+ 含量主要在黑核桃幼苗根和茎，这与 Na^+ 含量主要积累在小麦（杨洪兵等，2002）、豇豆（王薇薇等，2019）根部和茎部的研究结果一致；在 NaCl 浓度 0.8%、1.0%下，Na^+ 含量主要在黑核桃幼苗的叶和茎。而张梦璇等（2018）研究表明，多个白榆品系植株内 Na^+ 主要贮存在叶内，这能够形成低渗透势而吸水，进而降低盐胁迫对白榆的伤害。以上研究结果不一致的原因可能是不同的植株自身特征不同，会导致 Na^+ 积累的位置也不同。本研究表明，相对较高的 K^+/Na^+ 比例是保证植株正常生长和代谢的基础，尤其是盐胁迫下，植物组织中充足的 K^+/Na^+ 比例（通常高于 1.0）对 K^+/Na^+ 的稳态和耐盐性至关重要。本研究中，0.5%浓度（中盐）和 0.6%、0.8%浓度（高盐）的 K^+/Na^+ 比例在茎中均低于1.0。此外，黑核桃幼苗叶、茎、根的 K^+/Na^+、Ca^{2+}/Na^+ 和 Mg^{2+}/Na^+ 比值随着 NaCl 浓度的增加而呈显著性降低，明显低于对照(0)，这说明 NaCl 浓度胁迫破坏了黑核桃幼苗根、茎、叶中的离子平衡，其中叶内下降比例最大。K^+/Na^+ 比例显著降低说明盐胁迫显著抑制了根系对 K^+ 的吸收，主要是 Na^+ 与 K^+ 具有相似的水合离子半径导

致这两种离子在质膜水平上的竞争关系，也可能是由于参与 K^+ 转运的基因表达量下调。随着盐浓度的增加，K^+/Na^+ 比例越低，对黑核桃幼苗的生长越不利(ZENG et al. ，2015)。

四、结　论

在一定盐胁迫范围内，维持黑核桃幼苗 Na^+、K^+、Ca^{2+}、Mg^{2+} 的相对平衡状态，减轻盐胁迫条件下的离子毒害和渗透胁迫作用，盐胁迫下黑核桃幼苗叶中 Na^+ 含量随盐浓度的升高呈先升高后下降再上升的趋势，茎和根中的 Na^+ 含量，则呈先升高后下降的趋势。且黑核桃幼苗叶、茎、根的 K^+/Na^+、Ca^{2+}/Na^+ 和 Mg^{2+}/Na^+ 比值随着 NaCl 浓度的增加而呈显著性降低，明显低于对照(0)。黑核桃苗木早期对 NaCl 盐分最敏感，盐胁迫对黑核桃幼苗的株高和地径生长均起到显著地抑制作用，抑制作用随 NaCl 浓度的增加而增强。盐胁迫第 40 天时，高浓度胁迫(NaCl 浓度 0.8%、1.0%)下，黑核桃幼苗叶片全部脱落，但苗木存活率仍达到 100%，表现出良好的抗盐性。因此黑核桃可作为新疆中低盐碱化荒地资源开发利用树种引种栽培。

第四章
新疆黑核桃育苗技术

黑核桃种子、种苗价格偏高，而且用黑核桃实生苗栽植需 6 年结实，8 年进入盛果期，见效期太长，生产单位不易接受，制约了黑核桃在新疆的发展。利用新疆现有丰富的核桃资源，高接黑核桃优良无性系，嫁接后 3 年即可结实，可在短时间建立黑核桃优良无性系种子园或采穗园。开展黑核桃播种、嫁接和组培技术，均可保持其遗传特性。快速提高黑核桃良种苗木的繁育速度，也是实现黑核桃在新疆良种繁育的最佳途径。

第一节　播种育苗技术

一、种子采集、处理

(一) 种子采集

1. 采种要求

黑核桃的种子在 9 月下旬成熟，成熟后为黄褐色，果皮开始出现裂纹。选择在生长旺盛、抗病虫害能力强的成龄树上采集种子，种子要选择果实饱满、色泽均匀、无病虫害的。

2. 脱皮

种子收回后集中堆放在通风的室内或室外，厚度 50cm 左右，不可太阳直晒，48 小时后进行人工或机械脱皮处理，去除青皮后

放入水桶中浸泡 5 天，每天换水一次。

3. 种子筛选

在种子浸泡过程中进行种子漂浮检测，挑去空瘪的种子，然后作种子催芽处理。

(二) 种子处理

1. 催芽方法

种子采用河沙或者水洗沙层积法催芽，混沙基质以河沙或水洗沙与粗沙为主，消毒用 0.5% 高硫酸钾溶液或百菌清 800 倍液进行喷淋搅拌处理。

2. 苗床准备

在地窖建苗床，苗床为梯形，下床底面宽 60~100cm，上床面宽 40~80cm，床体高 40cm，两床之间留 30~40cm 宽的步道。步道要夯实，苗床不宜过高、过宽，床面水平且夯实，避免管理不便。

3. 喷淋基质

修好排水渠，每天喷淋基质，以增加基质湿度，湿度控制在 60% 左右，即用手将湿沙握成团且不滴水为宜，温度控制在 0~5℃ 之间。

4. 种子摆放

种壳无间距，有序平铺在苗床上，摆满一层后加盖 3~5cm 厚混沙，喷淋打湿沙层后再摆放一层种子，交替进行，共铺 6~8 层，最后再盖上湿沙并平整苗床后覆盖地膜。

5. 贮藏时间

贮藏 15~20 天后，用力挤压黑核桃种子，种子开裂即可播种。

二、圃地选择

选择交通便利、有水源、劳动力有保障、地势平整、土层厚度 80cm 以上、地下水位 1.5m 以下、pH 值 ≤8.2、总盐量低于 0.3% 的肥沃壤土或沙壤土地块为宜。

三、播种方式

(一)春季播种

于入冬前对收集的黑核桃种子进行种子漂浮检测,去除空粒和种仁发育不全的种子,将饱满种子层积处理。

1. 种子层积处理

于播种前一年的 11 月中旬土壤上冻前,选择地势高、阴凉的背风处;挖取宽度 0.7~0.9m、深度 0.8~0.9m、长度视种子的多少而定的坑;坑底铺 20cm 厚湿沙层,一层种子一层湿沙堆放,堆放高度不超过 60cm,上方需覆盖 20cm 厚沙子;最后再埋 20cm 的湿润土。层积处理种子时间≥100 天。

2. 种子催芽

于翌年 4 月底至 5 月初,土壤地温上升后,将层积处理的种子用 0.5%高锰酸钾溶液消毒 2~3 小时,然后在室内催芽(白天保持20~25℃,晚上 15℃)至开裂吐白,陆续点播。

3. 播种时间

气温稳定在 10℃以上时播种较适宜。

4. 播种方法

(1)平床播种

播种前一周浇一次透水,按南北方向点播,株行距 15cm×50cm。播种前,行内覆盖塑料薄膜,对播种穴开孔播种,每穴播种 1 粒,种子缝合线与地面垂直摆放。播种深度为种子直径的 3~5倍,覆土 8~10cm。

(2)高床播种

播种地开宽 20cm、深 15cm 的沟,沟内灌 10cm 深的水,水下渗后沿湿润线点播,每穴播种 1 粒,株行距 15cm×50cm,播种深度5cm,覆土 10cm,种子平放,缝合线与地面垂直。

(二)秋季播种

1. 播种时间

土壤上冻前 15 天为宜。

2. 种子处理

秋季采集充分成熟的种子，褪青皮后阴干备用，在播种前一周进行浸泡处理，将种子完全浸泡在盛满水的桶中 24 小时换一次水，播种前一天将种子捞出，放置空地晾晒备用。

3. 播种方法

与春季播种方法相同，土壤封冻前一周，浇灌封冻水。

4. 播种量

每公顷播种量保持在 334~400 粒为宜。

四、播后管理

(一)移栽定植

当 10 月下旬气温降到 10℃ 以下时，开始移栽定植黑核桃苗。为了提高经济效益，起挖 2 年生、高度在 1.2m 以上、地径大于 1.5cm 的黑核桃实生苗进行移栽定植。定植株行距为 1m×1m，栽植穴直径、深度为 20~25cm。定植后 24 小时内灌水，灌水深度以润湿 25cm 深土层为宜，灌水后扶正倒伏的核桃苗并覆土，及时对核桃苗周围缝隙处补填土，防止水分蒸发过快。2 年后间隔起苗移栽或出售。

(二)水肥管理

幼苗生长 15cm 后进行灌溉，注意 5~7 月生长关键期视土壤墒情灌水，8 月苗木停止生长后控水，防止二次生长。苗高至 20cm 时，追施尿素一次，375kg/hm^2；叶面喷施浓度为 0.005g/mL 的尿素和磷酸二氢钾，每 15 天喷一次，连续喷 2~3 次。苗木停止生长后，喷施浓度为 0.005g/mL 磷钾肥 1~2 次，从而促进苗木木质化。

(三)修剪

黑核桃苗木修剪分 2 个时期，实生苗苗龄为 1~2 年生的黑核桃

苗在 4 月中旬修剪，实生苗苗龄在 3 年生以上的黑核桃苗在 10 月下旬修剪。

1 年生实生苗修剪：当年定植的黑核桃实生苗植株较小，苗高在 0.2~0.4m 之间，正在缓苗期，修剪量不宜过大，以 1 个优势直立主干为主，留 3~4 个侧枝，将树高的 1/3 以下侧枝、侧叶全部修剪掉，以促进苗木均衡生长，减少养分消耗，保证树干通直。

2 年生实生苗修剪：定植第 2 年开始，黑核桃幼树期生长旺盛，新梢生长量大，因此，第 2 年 5~7 月不宜修剪整形，因为生长过快会导致树体头重脚轻，树干扭曲，失去观赏价值。树高在 1m 左右的黑核桃树苗修剪，保留其主枝上的分枝均匀，按照修剪原则，位于树高 1/3 以下的侧枝、侧叶全部剪除。对移栽定植 3~4 年以上的黑核桃树修剪，首先要从上到下、从里到外观察，定干分枝点最好保持在距地面 1.2~1.5m 处，以后每年对黑核桃进行整形修剪提干，并加强侧枝、密枝的疏剪。选择自然杯状树形，定干高度以上各方位保留 3~5 个枝条为主枝，每个主枝上再分出 2 个副枝，并缩剪副枝，将副枝的长度控制在 0.5m 以内。

3 年生以上定植苗修剪：5 年以上黑核桃树在秋季落叶后修剪，结合树形定干，按绿化标准将最终分枝点定在距地面 1.8~2.0m 高处，按疏散分层形树形修剪，对定干分枝点以下的侧枝全部剪除，分枝点以上的枝条，根据树冠大小，每株选留各方位适宜的主枝 7~9 个，每根主枝上留 3~5 个侧枝，主枝上下错开，以保持树体通风透光，使主干具有顶端优势。修剪口应与树干齐平，不留桩，此后每年按杯状树形整形修剪，提高绿化树木观赏价值。

（四）苗木的出圃与分级标准

1. 起苗时间

苗木出圃一般在春季和秋季。起苗前一周给苗圃地灌水，可以确保起苗时苗木根系有充足的水分，还可以起到保湿作用，在移栽苗木时成活率更高，同时对运输过程中根系起到一定的保护作用。

2. 起苗要求

苗木要求品种纯正，无检疫对象、无机械损伤、无主干弯曲，根系发达完整，7~9条侧根，嫁接部位砧、穗愈合良好。

3. 分级

起出的苗木放在背风避阴处，按表4-1规定的标准分级。

表4-1 1年生黑核桃苗木分级标准

级别	苗高（cm）	地径（cm）	根系
Ⅰ级	40~50	≥1.5	主根长≥25~30cm，侧根数8条以上
Ⅱ级	30~40	≥1.2	主根长≥20~25cm，侧根数4条以上

4. 包装、运输

（1）包装

苗木分级后，运输前应按品种等级分类包装。按每捆50株从主茎下部、中部捆紧。苗根须包裹湿润的稻草、草帘、麻袋等保湿材料，以不霉、不烂、不干、不冻、不受损伤等为准。包内外需附有苗木标签，系挂牢固（表4-2）。

表4-2 苗木标签

苗木类别		品种名称		产地	
生产(经营)者名称			生产(经营)者地址		
苗木数量			植物检疫要求书编号		
生产许可证编号			经营许可证编号		
生产日期			质量检验日期		
苗木质量	苗龄		苗高		地径
	主根长		≥5cm 侧根数		质量等级

（2）运输

苗木运输要适时，保证质量。运输中需做好防雨、防冻、防火、防风干等工作。到达目的地后，要及时接收，尽快完成定植或假植。

第二节　嫁接(枝接)育苗技术

一、砧木和接穗选择与采集

黑核桃通常采用枝接方法培育苗木。选择粗度为 1~2cm 并且没有病虫害的实生苗当作砧木。枝接接穗需要于秋末冬初时间段采集，采集长度超过 50cm 并且粗度在 1~1.5cm 之间的发育枝、结果枝。此类枝条必须没有病虫害、髓心要小，可以从采穗圃或者是母树上采集。待采集之后，其接穗需要进行沙藏处理，并且沙藏时温度应在 1~5℃之间。芽接接穗则可以做到随采随接，采集到的接穗在剪掉叶片之后需要保持湿润状态。

接穗采集时间应在 5 月中旬至 6 月下旬，核桃新梢生长趋于缓慢并逐步停止生长。而新生枝条生长逐渐充实，并达到半木质化状态，此时为核桃绿枝嫁接的最佳时间，嫁接后愈合能力强，成活率高达 80%。

二、嫁接时间

枝接在砧木展叶期 4 月下旬或 5 月初始，芽接在生长盛期 6~7 月进行。核桃产生愈伤组织最适宜温度在 25~30℃，而接后 3 天内遇雨成活率明显降低，因此芽接应在日平均气温达 25~30℃时进行为宜。

三、嫁接方法

通常采用直径不小于 3cm 的砧木枝接。

皮下接：将砧木距离地面 70~80cm 地上部分锯去，用木扦插入木质部与皮层间，轻轻向下移动 3cm 左右取出，使木质部与皮层有一个缝隙；然后剪取有 2~3 个饱满芽的接穗，基部削成光滑的马耳形，先端微削绿皮，将接穗插进皮缝内，然后用塑料布包裹接口。

插皮舌接：嫁接时从待接砧木枝的部位平直锯去，削平，根据砧木接口直径确定插入接穗的数量，接穗长 15cm，保留 3~4 个饱满芽，斜削成长 5~8cm 的马耳形，在待插部位依削面形状轻轻削去老树皮露出新皮，撬开接穗前端皮层使接穗木质部慢慢插入砧木的木质部与韧皮部之间，接穗的皮部敷在砧木的嫩皮上，接穗插至微露削面即可，截面其余部分覆盖报纸，周围捆绑报纸成筒状，装入潮土捣实至接穗顶芽 1cm 处，捏口并套塑料袋捆扎，倾斜枝捆缚棍支撑，根茎部用斧砍伤放水，上留抚养枝。嫁接后 20~25 天，接穗陆续发芽，长出 4~5 片真叶时即可打开袋口，逐渐撤去塑料袋，去土，报纸遮阴，7 月即可完全松绑。

芽接："T"形芽接，方法同常规芽接法。

舌接：将相近粗度的接穗和砧木削成相等的斜面，长 3~4cm，并在中央劈个口，砧木和接穗各自以短舌片插入对方切口，各自的长舌盖住对方整个切面，用纸绳捆绑即可。

四、嫁接后管理

1. 砧木苗管理

核桃树伤流较多，嫁接后注意树体基部放水、放风、除萌蘖、施肥等管理。春季萌芽前平茬、浇水。苗高 5cm 时定苗，除去多余萌芽；苗高 20cm 时摘心，增加粗度。

2. 嫁接苗管理

嫁接后，嫁接部位以下叶片全部抹掉，嫁接部位以上留 3~4 片复叶后去顶。嫁接 10 天左右，进行第 2 次剪贴，留 1~2 片复叶。嫁接 20 天左右，当接芽萌发后，进行第 3 次剪贴，即接芽 3cm 以上叶片全部剪去。并及时除去砧木上萌芽，以减少对接芽成长所需养分和水分的争夺。当接芽长到 20cm 左右时，解去绑条或用刀片割断绑条，以免影响苗木质量。解绑后，及时用木棍或竹棍绑缚新梢。当接芽长到 30cm 后，每 10 天左右在叶面喷施磷镁精、磷钾精或腐殖酸钠一次。8 月上中旬进行追肥，每 $667m^2$ 施尿素 20kg，9

月上中旬每 667m² 施磷、钾肥 25kg，以促进苗木木质化，利于越冬。苗木嫁接后要及时中耕锄草，干旱时浇水。8 月嫁接苗旺盛生长期，结合叶面施肥，喷施氧化乐果 1500~2000 倍液防治蚜虫。

第三节 组织培养技术

通过连续两年开展黑核桃组织培养技术研究，从中筛选获得一定数量试管丛生苗的离体培养方法。

一、组培材料的获取

一是从成年大树上获取外植体，即春季 4~5 月直接从 10 年生黑核桃大树上剪取当年生幼嫩枝条。二是通过实生苗获取外植体，即取自 10 年生黑核桃大树成熟种子，经过层积处理后，待种子开裂吐白，直接播种于花盆中，置于室内，定期喷水，加强管理，待幼苗长至 40~50cm 高，顶芽已半木质化时，作为组织培养材料。

二、培养基与培养条件

培养基采用 1/2(大量减半)，微量元素、维生素 $B_1$5mg/g，维生素 $B_6$2mg/g，烟酸 2mg/L，腺素 2mg/L，肌醇按 1/2MS 量，蔗糖 3%、琼脂 0.5%、pH 值 5.8~6.2。将培养物放置在人工气候箱内，人工气候箱的光照强度 2000lx，光照时间 12~14 小时，白天温度保持在 25~28℃，晚上控制在 18~20℃。

三、获取外植体方法

采集当年生实生苗幼嫩枝条，剪去部分叶片，流水冲洗 2~12 小时，在超净工作台上，用 70%酒精浸泡 2~3 秒，无菌水冲洗 3~4 次，再用 0.1%升汞消毒 6 分钟，并用玻璃棒不断搅动至腋芽处无气泡，最后用无菌水冲洗 4~5 次，取出用滤纸吸干材料端部，剪切上下切口，以防酒精和升汞渗入植物体，将嫩枝剪成带 2~3

个芽的茎尖和茎段，插入配好的诱导培养基中进行培养，剪切过的实生苗仍可继续培养，作为采集外植体用。

通过实生苗获取的外植体，材料幼嫩、表面光洁、自身携带的杂菌少，易彻底灭菌，所以污染率较低。以灭菌 6 分钟效果最好，成活率可达 80% 左右（图 4-1）。

图 4-1　无菌外植体的获得

四、不同外植体在相同培养基中的诱导

将长 1～2cm 的茎尖、茎段和叶片的黑核桃外植体接种到 1/2MS、附加相同种类和相同激素浓度，即 6-BA 1.0～1.5mg/L+ NAA 0.05mg/L 的培养基上，应用试管苗形态模原理，通过对试管苗形态的观察比较，经过 2～3 代的诱导培养，结果见表 4-2。

表 4-2　不同外植体诱导结果

外植体种类	试管苗形态特征	评价
顶芽	高生长明显，基部产生愈伤组织，1 个月后从叶腋产生 1～2cm 不定芽	可作为增殖培养基
茎段	基部产生大量愈伤组织，叶腋处长出 0.5～1cm 不定芽	可作为增殖培养基
叶片	切口处周围产生少量愈伤组织或在切口处有轻微突起	不适宜作为增殖培养基

从表 4-2 可以看出：外植体诱导增芽顶芽最好，茎段次之，叶片最差，不适合作为培养外植体。

五、不同激素浓度对黑核桃丛生苗的影响

经过连续 2 年的试验发现：已获得的无菌外植体，当培养到第 4~5 代时，开始出现叶黄、叶落、幼嫩茎尖变黑以至死亡的现象。经过多次试验，发现有一表型优良变异性大的外植体，能正常分化丛生苗，繁殖倍数达 3 倍左右，连续进行多次继代培养，无叶黄、叶落、茎尖变黑死亡现象，以此表型优良的幼年特征的这一茎尖、茎段外植体，经过多代增殖培养后，获得一定数量的试管丛生苗（图 4-2）。

图 4-2　继代培养丛生苗

将一定数量的试管丛生苗，作不同激素浓度培养基对幼芽生长增殖试验。从表 4-3 看出，以 6-BA 1.5mg/L+NAA 0.05mg/L 为黑核桃最佳丛生芽诱导培养基。将分化出的丛生芽的嫩枝和基部切块（每块带 2~3 个芽基），分别继代培养，均能正常分化，形成的新梢每月继代一次，增殖倍数在 2 倍左右；基部切块继代培养增殖系数较高，每月可达 3~4 倍，丛生苗紧凑，叶色深绿，复叶长大，节间距短。

表 4-3　不同激素浓度对幼芽生长增殖结果

培养基激素水平（mg/L）	幼芽生长增殖结果		其他
	第 1~2 代结果	第 3~4 代结果	
6-BA 1.0 +NAA 0.05	茎尖开始生长，叶片长大、展开，没有腋芽萌发，茎段材料在第 1 代没腋芽萌发	茎尖高生长很快，叶片大，无丛生芽产生，茎段材料长大，叶片展开，无丛生芽	大多数材料（包括茎尖、茎段），在培养第 5 代时，开始出现叶黄、叶片脱落、嫩茎尖变黑、死亡现象
6-BA 1.5 +NAA 0.05	茎尖开始生长，叶片展开，没有腋芽萌发，茎段材料在第 2 代开始有 1~2 个腋芽萌发，切口处愈伤组织较多	茎尖高生长较快，有腋芽萌发，向丛生芽方向生长，茎段腋芽部分萌发伸长，二次腋芽已开始萌发，个别初步形成丛生芽	茎尖材料产生丛生芽比茎段材料效果好。大多数材料（包括茎尖、茎段），在培养第 5 代时，开始出现叶黄、叶片脱落、嫩茎尖变黑、死亡现象

六、抑制黑核桃组培中褐化现象

组培中发现黑核桃在组培中存在褐化现象，即初次接种后，先是出现丝状物，以后逐渐扩散，最终导致外植体停止生长或死亡。对此我们在初代培养中，对培养基中添加 0.5~10mg/L 活性炭和继代培养中在培养基中添加 300mg/L 的水解酪蛋白试验。经观察：发现茎尖生长迟缓或停止，无生长现象。

针对上述现象，对新采集的外植体，采取用流水冲洗 10~12 小时，以减轻切口处酚类物质的溢出；在继代培养中采用频繁继代培养的方法，即每 10~15 天转瓶一次，经过观察，此方法既不影响茎生长分化，又可有效地抑制褐变，是抑制或减轻黑核桃在组培中褐变较为有效的方法。

七、黑核桃试管苗的生根

黑核桃试管苗生根试验结果见表4-4。黑核桃试管苗的生根除和激素的种类、生长素有关，跟剪取的嫩茎形态也有很大关系，一般节间较大、叶片大小中等、呈嫩绿色的幼茎，生根的比重大。

表4-4　黑核桃试管苗生根试验

培养基激素水平	接种株数	生根情况
IBA 3.0	15	切口有愈伤组织
IBA 5.0	15	切口有愈伤组织，基部膨大呈白色，有根源基产生
IBA 2.0+IAA 1.0	15	切口有愈伤组织

八、讨论与结论

（1）无菌外植体获得是黑核桃组培成败的关键。成年大树因受大气污染影响，茎尖(段)内含有内生菌较多，存在灭菌不彻底、污染率高、易发生氧化褐变的问题；采用新鲜经层积处理的种子，用其实生苗的顶芽或茎段，选择表现幼年特征或能够恢复到幼嫩状态的外植体，是获取黑核桃外植体组培的理想手段。

（2）适合黑核桃表型优良的幼年特征的实生苗茎尖、茎段培养基为 1/2MS(大量减半)、微量元素、添加维生素 $B_1$5mg/g，维生素 $B_6$2mg/g，烟酸 2mg/L，腺素 2mg/L，肌醇按 1/2MS 量，添加 6-BA 1.5 mg/L+NNA 0.05 mg/L 是黑核桃茎尖(段)培养较为理想的分化培养基，能正常生长、分化。

（3）酚类的糖苷化合物是木质素、单宁和色素的合成前提。胡桃科核桃属的树种酚类物质含量较高，木质素、单宁或色素形成也多，易褐变。针对黑核桃组培中的褐变现象，采取接种前用流水冲洗外植体，在继代中采用适当缩短转瓶周期(每10~15天)的方法，可减轻褐变。

（4）有关黑核桃试管苗的生根，尚未找到有效地促使生根的方法，待进一步探讨。

第五章
新疆黑核桃栽培技术

新疆黑核桃是珍贵的果材兼优、用途广泛的速生树种，具有树体优美、抗性强、适应范围广、材质优良以及果仁营养丰富、经济价值高等特点，其自身具备耐寒、耐旱、抗病虫和抗盐碱等特性。在新疆不同生态区有选择性的营建防护用材林、用材林和城市绿化造林等各类示范林，提出干旱区不同造林模式的关键栽培技术，对提高光能利用效率具有重要意义。

第一节　农田防护林

一、造林模式

以杨树与黑核桃行间混交（单行或双行），或杨树作主林带、黑核桃作副林带，营建防护用材林，实现短期效益与长远目标相结合的有效体系（图 5-1）。

行间混交：杨树株行距为 1.5m×2m，黑核桃株行距为 2m×3m；黑核桃作副林带：造林密度 3m×3m、3m×4m 或 4m×4m。

二、定植苗木标准

选用健壮发育良好、独干和具有 7~9 个一级侧根的 1 年生播种苗，苗高 40~50cm，主根长度控制在 20~25cm，侧根在 5~10cm。

三、整形修剪的关键技术措施

营建防护用材林以防护效益和生产优质木材为目的,针对黑核桃干性强的特点(即使一些干性不好的树,放任生长后,会自己形成树形),不需频繁整形修剪,主要是通过逐渐修枝,以达到定干高度在 3.0m 以上的规格。一般当主干达到 90~120cm 时,修去 1~2 个侧枝,树高达到 300~400cm 时,剪去树高 40%~50% 的下部侧枝,依次逐渐抬高修剪部位,至 3.0m 以上的定干高度。

四、抚育管理

栽植当年为保证苗木的成活,减少缓苗期,重点加强灌水,一般栽后至 7 月,连续浇 5~6 次水,待苗木成活稳定后,视土壤水分情况减少灌水次数。7 月底后,减少灌水,控制苗木生长,促进木质化和封顶。全年浇水 9 次,树盘松土除草 3 次。第 2 年进入速生期以后,每年浇水 7~8 次,正常施肥、除草。

图 5-1　黑核桃作农田防护林在石河子市成效

第二节　城市园林绿化

一、苗木的培育

为突出黑核桃树主干通直、挺拔，树冠匀称的美观效果，采用1年生实生苗，以 50cm×50cm 的株行距密植，培育城市绿化造林用苗。经过 2~3 年的集约管理后，受群体效应的影响，树木高生长明显，树干通直，无侧枝形成，至第 4 年达到树高 3.0~4.0m 城市园林绿化用苗的规格，不需缓苗直接裸根栽植效果最佳(图 5-2)。

二、造林模式

根据整体绿化效果，单行或零星栽种均可。

三、定植苗木标准

3 年生以上苗木，裸根或带土球直接定植。

四、整形修剪的关键技术措施

为了体现黑核桃枝叶稀疏、透光度好、果实累累的观赏效果，通常定干高度控制在 1.5m 左右，先修除极下部的枝条，选留一个顶端优势强的枝条作为主枝，疏除竞争枝、过密枝，及时摘心，促发形成更多的结果枝，尽可能保留树冠中的小侧枝。

五、抚育管理

每年浇水 7~8 次，施有机肥 10~15kg/株。

图 5-2　黑核桃作为园林绿化树种在沙湾市、石河子市成效

第三节　生态用材林

一、造林模式

黑核桃稀植会出现树干低矮、冠幅大、结果多，但木材价格低的状况，生产木材为主的用材林，应增加密度，以保证树干通直，以后逐步疏伐，达到合理密度。造林密度为 1.5m×1.5m、3.0m×3.0m、4.0m×4.0m 和 6.0m×6.0m。

二、苗木标准

1~2 年生根颈部以上 2.5cm 直径的实生苗造林。

三、整形修剪的关键技术措施

（1）以培育用材为主，注意减少节疤的大小和数量，提倡在树体幼小时，当基部最下部枝条长到直径 2.5cm 时，开始修剪，剪口必须平滑，以利于愈合。

（2）通过逐年、持续、定期向上剪去侧枝，直至达到所需的清干高度在 5.0m 以上。

（3）侧枝疏除不宜过快，要逐年疏除，以利于主干的加粗生长。

四、抚育管理

黑核桃主根极其发达，移栽对树体影响很大。定植第 1 年，为缓苗期，根系生长比高生长快，一般 1 年生苗主根可向下延伸 120cm，缓苗后高生长速度逐渐超过根系生长速度。通过对黑核桃年生长节律的调查，5~7 月为黑核桃的生长旺盛期，此期需加强树体的浇水、施肥和抚育管理。一般 8 月以后，为使新梢充分木质化，防止新梢的二次生长，应及时进行有效控水，年浇水 6~7 次，施肥 10kg 左右(图 5-3)。

图 5-3 黑核桃作为生态用材林在玛纳斯县长势

第六章
新疆黑核桃引种栽培及
推广应用前景

第一节 引种栽培现状

新疆具有与黑核桃原产地相近的纬度带，为新疆引种栽培黑核桃提供了基础条件。

（1）1991年，新疆林科院首次与美国内布拉斯加州大学农业资源研究院和美国北方坚果协会合作，通过互换种质资源，先后从美国引进少量黑核桃种子及穗条，分别在新疆林科院六道湾试验站播种育苗，在新疆林科院扎木台试验站以核桃作砧木嫁接黑核桃。生长适应性良好，其中在乌鲁木齐市六道湾试验站栽种的4年生苗，平均树高2.66m，最大生长量4.3m，平均胸径1.93cm，最大胸径3.62cm；嫁接后第3年开始结果，子代播种苗长势良好，同时把黑核桃2年生苗引种到阜康县前山逆温带栽种，表现出良好的生长适应性。

（2）1998年，国家林业局把黑核桃作为三北防护林体系建设的重点树种进行推广，新疆在1991年试种成功的基础上，于1998—1999年引进黑核桃种子或苗木，在石河子市园林研究所、昌吉市、塔城市、阿勒泰市、温宿县、伊宁市、墨玉县等县（市）试种，均在不同程度上表现出较好的生长适应性。

伊犁河谷地区：定植 8 年的黑核桃嫁接苗，平均高 10.2m，平均胸径 14.36cm，最大地径可达 24.8cm。充分反映了伊犁河谷地区是黑核桃的最佳适生区域。

石河子市：经过 2 次移栽定植城市绿化林带，8 年生幼树生长量为平均胸径-地径 8.92~12.97cm，最大胸径-地径 10.83~14.65cm，平均树高 5.88m，最大树高 5.95m，显现出其独特的绿化效果。第 8 年树的地径净生长量仍可达到 1.62cm，平均树高年生长量 73.5cm。进一步反映了作为硬阔材树种，在气候干热的环境条件下，规模推广发展的潜力。

(3)随着天然林资源保护工程的全面启动和实施，为缓解新疆因天然林停止采伐造成优质木材供不应求的矛盾，1999 年，由新疆林科院承担自治区科技厅科技攻关项目"美国黑核桃良种快繁及栽培技术研究"。该项目历经 7 年全面系统的研究，取得了阶段性的研究成果。建立优良品系采种园，总结提出一套适合新疆不同生态区的播种育苗技术；探讨在不同时期嫁接黑核桃、提高嫁接成活率的有效途径；开展了黑核桃组培繁殖技术试验研究；通过建立黑核桃树种的城市绿化、防护用材示范林，总结出一套培育不同用途的黑核桃树种的栽培管理办法。

(4)2003 年、2012 年分别承担自治区科技成果转化项目"黑核桃等生态经济林树种的推广示范""防护用材树种育苗产业化及栽培技术推广"，在南北疆不同生态区示范推广，建立了良种苗木繁殖基地，掌握了黑核桃不同造林模式栽培技术，目前全疆各地州示范种植黑核桃已达数十万株，为黑核桃在新疆的推广应用奠定了基础。

(5)2001 年，从山西黑核桃良种基地引进美国密苏里州种子园种子培育的 1 年生实生苗，在新疆林科院玛纳斯试验站按照 2m×2m 的株行距建立黑核桃优良种子园，6 年生平均树高 4.06m、胸径 4.53cm。现树龄已达 22 年，胸径达 40.0~45.0cm，顶端无干梢，单株可产黑核桃种子 25~30kg。

（6）2003—2007 年，连续 5 年对黑核桃、核桃楸、小叶白蜡和黄波罗等 4 个阔叶材树种的 2~4 年生幼树，在新疆准噶尔盆地南缘的"绿洲经济带"生长适应性测定结果表明：黑核桃的高生长略低于黄波罗，但顶端优势强，干形好，胸径生长量最大。越冬抗寒性、越夏抗旱性均优于其他树种。而且随着黑核桃树龄的增加，干梢逐渐减弱，定植第 3 年顶芽冻害率为 16.5%，与其他树种相比顶芽冻害率最低，表明抗寒性明显优于黄波罗、小叶白蜡和核桃楸等树种。而且据观察即使有顶芽受冻、抽梢危害，但在其下方侧芽仍有极强的生长优势，不影响树干的正常发育和木材品质。表现出该树种作为生态造林、果材兼用树种在新疆平原区具有较好的潜在发展优势。

（7）建立优良品系采种园：2000—2002 年从河南洛宁县引进初选的优良品系黑核桃接穗，在新疆林科院扎木台试验站以当地核桃大树做砧木，高接黑核桃优良品系，建立起拥有 110 株母树的黑核桃优良品系的无性系嫁接种子园，年产种能力达 500kg。

（8）建立丰产栽培示范林：2000 年从河南洛宁县引进经筛选出的黑核桃的 7 个优良品系 1 年生嫁接苗，按照 3m×3m 的株行距，分别定植在南疆的新疆林科院佳木试验站和北疆的呼图壁县干河子林场，在气候极端干旱的南疆和冬季寒冷的北疆均可种植，但从引进不同种源的不同优良品系嫁接苗生长适应性观测结果分析，为最大限度提高土地利用率和树木生长量，进行黑核桃引种栽培时，须考虑种源及其优良品系的选择利用。其中定植在新疆林科院佳木试验站的现高生长为 15~20m。

（9）为加快营建黑核桃生态经济防护林树种的示范效果，自 2006 年开始，陆续在察布查尔锡伯自治县营建不同用途的农田防护林、混交林和园林绿化等示范林。

防护用材林：2006 年引进 1 年生黑核桃苗木、按照株行距 3.5m×4m 定植在察布查尔县乌家布拉克村，定植当年生长量在 35~50cm（平均 39cm），胸径 17~28cm（平均 20cm）。2012 年测定，

高生长量 5m 以上、径生长量 8.0cm 以上，未出现抽梢冻害和病虫害发生的现象。2014 年在 6m 处截干。2023 年 7 月，调查树高 8～10.5m(平均 9.0m)，大部分有结实，无干梢。

2015 年种植 6.67hm²，株行距 2m×8m，当年生长量 31～42cm(平均 38cm)，枝下高 1.0～3.1m(平均 2.3m)，胸径 8.1～12.2cm(平均 9.9cm)。2023 年调查树高 5.5～8.2m(平均 6.5m)，50%有结实，无干梢。

黑核桃、榛子混交栽培混交林：位于察布查尔县城镇的新垦区，缺乏防护林致使榛子幼苗易受夏季干热风危害的现状，采取"大乔木–黑核桃+小乔木(灌木)–榛子"的林果套种模式，集中展示地上乔木和灌木间作、地下深根与浅根互为补充的"林+林"复合经营模式，营建乔灌黑核桃与榛子混交林。定植时间 2012 年，榛子株行距 2m×4m、黑核桃 4m×8m，黑核桃为隔株隔行种植在榛园中。面积 53hm²，定植当年生长量 35～73cm(平均 41.0cm)，枝下高 1.7～3.6m(平均 3m)，胸径 10～28cm(平均 16cm)；2023 年调查树高 7～10m(平均 8.4m)。全部有结实，无干梢。目前长势良好，成为集中连片新疆栽种面积最大的示范林。

(10)1993 年以来，在南北疆和伊犁河谷等 3 个气候带、20 个县市栽种，表现出良好的生长及适应性与社会认可度，2016 年 12 月，通过自治区良种委员会良种审定"新疆黑核桃"。

(11)针对新疆现有防护林树种单一、生命周期短、生态稳定性差、易遭受毁灭性病虫害(尤其是蛀干性害虫)侵害等现状。2017 年，以立项的 2017 年中央财政林业科技推广示范资金项目"新疆黑核桃良种推广示范"为平台，选择生长快、抗性强、生态经济价值高的黑核桃，在阿克苏市托普鲁克乡营建长 1000m，宽 10m 的黑核桃防护用材示范林，造林保存率 95%。造林第 3 年，在轻度、中度盐碱地，苗木高度平均达 210.9cm 和 182.4cm，地径为 3.47cm 和 3.39cm，表现出一定的防护生态功能。

(12)2017 年，用 3 年生黑核桃实生苗裸根，按照 2m×1m 在玛

纳斯平原林场营建的黑核桃母树林 6.67hm²，现长势良好，部分单株开始挂果结实。

（13）2018 年，选取 1 年生幼苗和 5 年生黑核桃裸根大树，采用 2m×1.0m 的模式，阿克苏实验林场营建黑核桃防护林 2000m。为加快 5 年生黑核桃大树的缓苗，定植后距地面 1.0m 处重截干，通过加强管理，现已呈现出良好的示范效果。

（14）2019 年 4 月，采用胸径 3cm（3～4 年生大树）带土球，按照 2m×3.0m 的株行距，在奇台县东湾镇墒户村营建长 1000m、宽 6m 的"夏橡+黑核桃+杨树"的混交防护用材林，3 种树种的定干高度均在 2.5m，通过加强管理，造林成活率在 80% 以上。

（15）2017 年，在泽普县国家重点林木良种基地，选用 1 年生美国东部黑核桃苗木，营建黑核桃防护用材林 400m 共 4 行，株行距 1.5m×2m，树龄 1～3 年生，成活率达 93%。2023 年 4 月现场调查：平均胸径 10.91cm，树高 5.98m，最高 6.92m，最粗为 14.65cm。

2019 年从该良种基地移栽部分苗木，按照 1.5m×1.5m 的株行距定植在泽普县 9 乡 6 村 7 组，营建长 230m、宽 8m 的防护林带，其中该林带靠近道路一侧长势良好。现平均胸径 7.26cm、平均树高 3.56m。

沙湾市克拉玛依路黑核桃绿化林带：2012 年从石河子园林所带土球定植 3 年生黑核桃，在沙湾市克拉玛依路两侧各种植 1 行，行距 4m，种植长度两侧分别为 300m、400m。保存率为 100%。2022 年调查，平均胸径为 14.7cm，树高在 5.0～6.5m。2023 年 7 月调查，树高 5.1～10.7m（平均 7.4m），50% 结实，多数无干梢。

在沙湾市三道沟子林场苗圃：2010 年按照 1m×1m 的株行距，播种黑核桃 0.51hm²，保存率为 100% 以上。2022 年随机调查，平均胸径为 11.2cm、树高 10.5m。2023 年调查，胸径 11.6～27.0cm（平均 18.0cm），树高 11.3～14.6m（平均 12.7m）。树势中等，有结实，无干梢。

沙湾市乌兰乌苏镇皇宫庄子村：2013 年按照株行距 2.5m×

2.5m 栽植 0.37hm²，2023 年调查，枝下高 2.4 ~ 3.6m（平均 2.64m），胸径 24 ~ 32.3cm（平均 26.2cm），树高 8.6 ~ 15m（平均 11.8m）。有结实，无干梢。土壤类型为农耕地。

（16）为加大伊宁市北山坡生态修复力度，分别在 2022—2023 年营建生态用材林。其中 2023 年春季，在伊宁市界梁子农业村按照 2m×6m 的株行距营建防护林，定植 3 年生黑核桃幼树 12hm²，成活率达 95%，平均树高 3.7m，胸径 3.23cm，对伊宁市北山坡荒山改造生态林营建，起到一定的示范作用。

在伊宁市巴彦岱镇甘沟村苗圃，2022 年春季栽植 2 年生黑核桃实生苗 5.33hm²（株距 20cm、267 株/hm²），当年生长量平均 104cm，地径平均 28.0mm；定植第 2 年树高为 2.3~4.8m（平均 3.4m）。尚无结实，无干梢。

（17）2018 年，按照 2m×6m 的株行距在伊犁平原林场，栽植 1 年生黑核桃苗木 3.33hm²，定植当年因为浇水不足，导致当年保存率不足 60%，采取连年补植，现保存率 90% 以上。2023 年 7 月调查，平均地径 4.04cm，平均树高 4.1m。

（18）三种不同硬杂木直播密植对比试验林：2014 年，在石河子镇沙依巴克村按照 0.4m×1.4m 株行距，直播黑核桃、核桃楸与夏橡对比林，面积 5.33hm²。

黑核桃：定植当年生长量 41 ~ 59cm，平均 48cm，胸径 11.9 ~ 16.6cm（平均 14.3cm）；2023 年调查枝下高 3.6 ~ 6.3m（平均 4.9m）；树高 8.1~12.7m，平均 10.5m。有少量结实，无干梢。间作核桃楸，土壤类型为农耕地。2022 年 5 月，在 5m 处截干，2014 年逐渐稀疏，保存有株行距为 1m×1.4m。

核桃楸：2023 年调查，胸径 8.3 ~ 13.2cm（平均 10.6cm），枝下高 4.2~4.6m（平均 4.4m），树高 6.7~10.1m（平均 7.9m）。无结实，无干梢。

夏橡：2023 年调查，胸径 5.3 ~ 8.2cm（平均 7cm），枝下高 1.4~3.6m（平均 2.3m），树高 5.5~7.3m（平均 6.1m）。无结实，

无干梢。

（19）石河子市园林研究所行道树：1999 年播种至花盆，2002 年移栽至该所大门路的东西两侧，2023 年调查胸径 21.05 ~ 42.15cm（平均 33.155cm）；枝下高 1.6 ~ 3.2m（平均 2.6m）；树高 10.1 ~ 15.2m（平均 13.1m）。全部有结实，少部分干梢。土壤类型为沙壤土。

（20）黑核桃直播造林营建农田防护林：在石河子市头浮村五队，2019 年秋天直播，面积 2hm^2。2023 年 7 月调查地径 26 ~ 46mm（平均 38mm）；树高 2.1 ~ 3.2m（平均 2.4m）。无结实，无干梢。土壤类型为农耕地。

第二节　推广应用前景

以黑核桃的生物学特性以及其在不同生态环境下的经济、生态和社会价值为主导，阐述了该树种在新疆的推广应用前景。新疆多年引种栽培的实践表明，黑核桃是一项极具诱惑力的兴林致富的投资项目，对长期稳定、改善生态环境具有重要的现实指导意义，其推广发展前景广阔。

一、新疆与黑核桃原产地纬度带相似，具有规模发展的潜力

黑核桃是美国一个分布很广的经济价值很高的材果兼优树种。尤其是美国东部黑核桃为世界上公认的最佳硬阔树种之一。新疆具有与黑核桃原产地相近的纬度带。经过引种栽培示范表明：新疆引种发展黑核桃，在气候极端干旱的南疆和冬季寒冷的北疆均可种植，表现出很强的抗旱、抗寒性。但以发展美国中北部抗寒性强的美国东部黑核桃种源的优良品系为佳，尤以北疆伊犁河谷地区，为黑核桃在新疆不可多得的最佳适生区。

二、丰富新疆核桃砧木资源，促进新疆核桃生产发展

核桃是新疆主要的经济树种之一，以结果早、果大、优质、丰产性及抗逆性强而闻名全国，各省所形成的核桃新品种，多数是直接或源于新疆核桃培育而成的。新疆核桃对推动全国核桃生产发挥了积极作用，同时也为核桃的良种选育奠定了物质基础。

目前，新疆核桃生产主要以核桃本砧嫁接品种核桃，虽效果理想，但核桃进入盛果期的周期长，且以提供果品为主。利用黑核桃干性强、生长快、耐旱、抗病能力强的特点，先培育 3 ~ 4m 的主干，然后嫁接核桃品种苗(经试验体现出较强的"亲和力")，中短期内以提供核桃果品为主，待核桃产量下降后，又可提供高档优质的木材，进而达到果材兼用之目的。对丰富新疆核桃砧木资源，促进新疆核桃生产持续稳步发展意义重大。

三、黑核桃本身的优良特性，使其拥有了发展的必要性

黑核桃树生长快、抗性强、材质好，被认为是世界上公认的最佳硬阔材树种之一。在欧美国家，家庭拥有黑核桃木制品已成为高雅富贵的象征。所以在新疆规模发展美国黑核桃，将给新疆硬杂木材市场带来新的亮点。同时，黑核桃在定植后第 4 年开始，可生产坚果，其坚果仁营养丰富，含蛋白质 28%，比核桃高 10%，脂肪含量 59%，其中不饱和脂肪酸占 63%，是所有核桃之首，同时富含维生素 A、维生素 B、维生素 C 及铁、钙等，由于富含亚油酸，被誉为心脏保健食品和高档食品。黑核桃仁广泛用于生食、烤食、冰淇淋及糖果制作等。核仁单价为 16 美元/kg，高出核桃 4 倍以上。一般实生树的出仁率较低(20% 左右)，而优良品种的出仁率可达 35% ~ 38%，是美国最畅销的珍贵营养食品，坚果的收入可以起到以短养长的作用。

四、产业结构调整为黑核桃树种提供了更大的发展空间

引种栽培黑核桃的结果表明：采用 1 年生实生苗造林，加强集约管理，定植第 3 年后，平均年高生长可达 1.0~1.5m，地径 1.5~2.5cm。培育优质用材林已成为平原绿洲或浅山带发展的方向。因此，扩大黑核桃的种植面积和发展规模，对调整新疆造林树种结构，充分发挥资源优势意义重大。

五、黑核桃作为防护用材树种和城市绿化树种，发展前景广阔

新疆为"绿洲经济"，农田防护林的建设是新疆农业经济发展的根本保证。而现有的农田防护林格局是以杨树为主体，树种单一、生命周期短，易感染病虫害，木材品质远赶不上硬杂木黑核桃。黑核桃是深根性树种，生长迅速、树体高大、干形通直，树冠下层空间大，有利于农作物生长，是良好的农用林业树种，可起到与杨树等同的农田防护和改善生态环境的作用。

以杨树与黑核桃混交行间混交或杨树作主林带、黑核桃作副林带，营建新型的农田防护林体系。可利用杨树速生、轮伐期短、见效快和黑核桃生长快、材质好、寿命长、抗病虫害能力强的特点，达到新疆生态安全的长效性。杨树生长迅速，前期防护效应明显，待杨树至轮伐期采伐后，黑核桃的防护效益已显现，且防护效益可达百年以上。因此，用黑核桃和杨树营建混交防护林带，不仅可以丰富防护林树种，最大限度提高土地利用率和树木生长量，而且能极大提高防护林体系的稳定性和生物安全。

此外，黑核桃树体高大，树形美观，叶大荫浓且具微香，入秋黄果累累，观赏价值较高；病虫害少，寿命长，是理想的城市绿化树种。既不需要频繁更新，而且栽种五六十年后，采伐更新又可提供优质用材。随着时间的推移，黑核桃将成为新疆园林绿化树种一个新亮点。

六、现有的基础条件具备发展的优势

新疆林科院已在南疆的新疆林科院扎木台试验站，北疆的新疆林科院玛纳斯试验站分别建立黑核桃无性系种子园，年采收种子万粒以上。随着树龄的加大和集约化经营水平的提高，优良种子产量和培育的优质苗木数量将逐年增加，以满足生产对苗木的需求。

新疆黑核桃为深根性树种，固土能力强，树体高大，木材坚韧，防风能力强，树木的寿命可达几百年，一次造林收益百年。特别是在新疆生态环境十分脆弱的地区，若利用黑核桃更新(纯林或混交林)现有杨树防护林(全疆防护林面积 33 万 hm^2)5%的面积，种植 1.67 万 hm^2 新疆黑核桃，将产生巨大的生态效益。在很大程度上保证了新疆"绿洲经济"的生态安全性和稳定性。新疆黑核桃不仅是作为农田防护林、用材林和生态林建设的主要树种，而且在作为城市街道绿化、庭院绿化方面，表现出的美观效果给人们以美的享受。

参考文献

蔡亚南，2020. 6种园林植物的耐盐性研究[D]. 北京：北京林业大学．

程向东，高娟，董丰，2003. 美国东部黑核桃引种试验初报[J]. 林业实用技术(11)：7-8.

崔佳奇，2021. 三种公路边坡常用绿化植物对干旱的生理响应及其抗旱性评价[D]. 拉萨：西藏大学．

董凤祥，裴东，2000. 美国黑核桃引种栽培[M]. 北京：中国农业大学出版社．

高国宝，宋立，高绍棠，等，1999. 良种核桃及黑核桃科学栽培[M]. 西安：陕西人民教育出版社．

何振荣，2003. 核桃大树高接美国东部黑核桃[J]. 林业实用技术(9)：18-19.

季蒙，邵铁军，王宝林，等，2004. 美国黑核桃及其在内蒙古的引种驯化[J]. 内蒙古林业科技(1)：6-9，17.

李高阳，袁新征，张龙，2021. 小果黑核桃生长规律分析[J]. 河南林业科技，41(3)：5-7.

李海燕，邵金彩，王静，等，2021. NaCl胁迫对5年生蜡梅生长及生理特性的影响[J]. 东北林业大学学报，49(3)：31-38.

李莉，徐慧敏，赵荣军，等，2016. 核桃杂交种'中宁奇'与北加州黑核桃、魁核桃生长特性比较[J]. 林业科学研究，29(6)：847-853.

李少雄，孙德祥，2007. 美国黑核桃与中国核桃种间杂交试验初报[J]. 防护林科技(5)：40-41.

李喜运，王仕海，2002. 黑核桃的引种及其利用[J]. 林业实用技术(11)：

16-17.

李晓庆，王星斗，樊艳，等，2021. 盐胁迫对杜梨吸收根生长指标的影响[J]. 山西农业大学学报（自然科学版），41（5）：62-67.

李晓院，解莉楠，2019. 盐胁迫下植物 Na^+ 调节机制的研究进展[J]. 生物技术通报，35（7）：148-155.

刘朝斌，2006. 美国东部黑核桃与核桃的嫁接亲和力研究[J]. 陕西林业科技（3）：18-19.

刘从，李鹏，王瑜琳，等，2002. 美国黑核桃在甘肃的引种繁育与推广前景[J]. 防护林科技（4）：75-77.

刘新燕，孙德祥，赵瑛，等，2013. 美国黑核桃与中国核桃种间杂交优势 F1 代无性系类型造林对比试验[J]. 北方园艺（7）：31-33.

裴东，张俊佩，石永森，等，2002. 层积催芽对美国黑核桃种子发芽和苗木生长的影响[J]. 林业科学，38（5）：73-77.

史彦江，宋锋惠，徐业勇，等，2006. 黑核桃优良品系表型测定技术研究[J]. 新疆农业科学，43（3）：237-240.

宋锋惠，史彦江，刘晓芳，等，2008. 美国黑核桃在新疆不同生态区的生长适应性[J]. 东北林业大学学报（1）：10-11，33.

隋德宗，王保松，施士争，2007. 盐胁迫对 5 个柳树无性系幼苗根系生长发育的影响[J]. 江苏林业科技（4）：5-8.

王薇薇，祖艳侠，吴永成，等，2019. 盐胁迫对豇豆幼苗离子分布的影响[J]. 江苏农业科学，47（12）：161-164.

王兴智，卜祥强，顾红燕，2002. 美国东部黑核桃在宁夏的发展前景[J]. 宁夏农林科技（5）：47-48.

王治军，梁臣，马晓洁，等，2022. '洛珠 1 号'黑核桃的选育[J]. 现代园艺，45（23）：55-56.

奚声珂，王哲理，游应天，1995. 美国核桃、黑核桃引种试验[J]. 林业科学研究（3）：285-290.

邢震，郭泉水，权红，等，2007. 西藏林芝地区美国黑核桃适播期选择[J]. 经济林研究（3）：36-42.

荀守华，孙蕾，王开芳，等，2005. 美国东部黑核桃优树选择研究[J]. 山东农业大学学报（自然科学版），36（3）：38-41.

杨洪兵，陈敏，王宝山，等，2002．小麦幼苗拒 Na^+ 部位的拒 Na^+ 机理[J]．植物生理与分子生物学学报，28(3)：181-186.

杨佳鑫，李庆卫，郭子燕，等，2019．3个梅花品种幼苗耐盐性综合评价[J]．西北农林科技大学学报(自然科学版)，47(8)：65-74.

于强，陆佩玲，刘建栋，等，1999．作物光温生产力模型及南方水稻适宜生长期的数值分析[J]．自然资源学报，14(2)：163-168.

张建国，姬延伟，2003．黑核桃的经济价值及在我国的开发前景[J]．林业科技开发(5)：3-5.

张俊佩，王滋，周贤武，等，2016．不同品系美国黑核桃木材物理力学性质的差异[J]．林业科学，52(6)：108-114.

张俊佩，张建国，裴东，等，2007．美国黑核桃嫁接技术研究[J]．河南农业大学学报，41(5)：522-526.

张梦璇，董智，李红丽，等，2018．不同白榆品系对滨海盐碱地的改良效果及盐分离子的分布与吸收[J]．水土保持学报，32(6)：340-345.

郑世英，商学芳，王丽燕，等，2010．盐胁迫对不同基因型玉米生理特性和产量的影响[J]．干旱地区农业研究，28(2)：109-112.

周琦，祝遵凌，施曼，2015．盐胁迫对鹅耳枥生长及生理生化特性的影响[J]．南京林业大学学报(自然科学版)，39(6)：56-60.

ZENG Y L, LI L, YANG R R, et al. , 2015. Contribution and distribution of inorganic ions and organic compounds to the osmotic adjustment in Halostachys caspica response to salt stress[J]. Scientific Reports(5)：13639.

不同类型黑核桃果实

黑核桃雄花序

黑核桃 1 年生苗

黑核桃播种苗

黑核桃播种苗

黑核桃嫁接育苗

黑核桃冬季修剪

大树移栽

大树移栽

玛纳斯 12 年生树长势

玛纳斯 14 年生黑核桃

玛纳斯 14 年生黑核桃

察布查尔县黑核桃林带

察布查尔县黑核桃林带

石河子市黑核桃大树

石河于园林所绿化行道树

城市绿化

城市绿化

城市绿化

农田防护林

防护林

秋季防护林

营造防护林

疏附县黑核桃大树

塔城黑核桃长势

黑核桃在石河子市生长表现

农田防护林长势

间作黑核桃播种苗

间作黑核桃播种苗